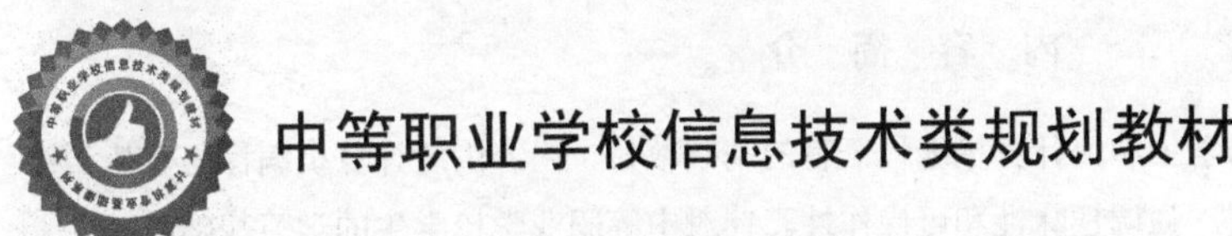

中等职业学校信息技术类规划教材

计算机编程基础

(Visual Basic)

主编 薛尚青 王 健

参编 巩小林 贾 佳 刘粉萍

中国铁道出版社

CHINA RAILWAY PUBLISHING HOUSE

内 容 简 介

本教材是中等职业学校的学生学习计算机编程语言的基础教材。内容围绕计算机编程语言基础课程的教学目标，简单易懂，强调趣味性和可操作性。针对中等职业学校学生的学习基础，以任务驱动的教学模式，体现了“做中学，做中教”的教学理念，通过案例实训，由浅入深地培养学生掌握应用计算机编程语言解决具体问题的能力。

本书主要内容包括：初识编程语言、Visual Basic 可视化编程入门、Visual Basic 简单程序设计、Visual Basic 结构化程序设计、Visual Basic 数组与结构程序设计、Visual Basic 过程与函数设计、Visual Basic 应用程序界面设计、Visual Basic 数据库应用程序设计、Visual Basic 文件与多媒体程序设计和 VBA 程序入门等。

本书适合作为中等职业学校学生学习计算机编程语言的教材，也可作为 Visual Basic 培训班的教学用书及等级考试的辅导用书。

图书在版编目（CIP）数据

计算机编程基础 : Visual Basic / 薛尚青，王健主编.
— 北京 : 中国铁道出版社，2011.2（2017.2 重印）
中等职业学校信息技术类规划教材
ISBN 978-7-113-12505-9

Ⅰ. ①计… Ⅱ. ①薛… ②王… Ⅲ. ①
BASIC 语言－程序设计－专业学校－教材 Ⅳ. ①TP312

中国版本图书馆 CIP 数据核字（2011）第 010204 号

书　　名：计算机编程基础（Visual Basic）
作　　者：薛尚青　王　健　主编

策划编辑：周　欢　刘彦会
责任编辑：周　欢
编辑助理：何　佳
封面设计：付　巍　　　　封面制作：李　路
版式设计：于　洋　　　　责任印制：李　佳

出版发行：中国铁道出版社（北京市宣武区右安门西街 8 号　　邮政编码：100054）
印　　刷：虎彩印艺股份有限公司
版　　次：2011 年 2 月第 1 版　　2017年 2 月第 2 次印刷
开　　本：787mm×1092mm　1/16　印张：13.75　字数：312 千
书　　号：ISBN 978-7-113-12505-9
定　　价：33.00元

中等职业学校信息技术类规划教材

序

PREFACE

国家社会科学基金课题“以就业为导向的职业教育教学理论与实践研究”在取得理论研究成果的基础上，选取了中等职业教育十个专业大类开展实践研究。中等职业教育信息技术类是其中之一。

本课题研究发现，中等职业教育在专业教育上承担着帮助学生构建起专业理论知识体系、专业技术框架体系和相应职业活动逻辑体系的任务，而这三个体系的构建需要通过专业教材体系和专业教材内部结构得以实现。为此，这套中等职业学校信息技术类规划教材的设计，根据不同课程的教材在其构建理论知识、技术方法、职业活动三个体系中的作用，采用了不同的教材内部结构设计和编写体例。

承担专业理论知识体系构建任务的教材，不应使学生只掌握某些局部内容，而应该让学生把握专业理论知识整体框架；不强调专业理论知识本身的研究，强调专业理论知识的用途。

承担专业技术框架体系构建任务的教材，注重让学生了解这种技术的产生与演变过程，培养学生的技术创新意识；注重让学生把握这种技术的整体框架，培养学生对新技术的学习能力；注重让学生在技术应用过程中掌握这种技术的操作，培养学生的技术应用能力；注重让学生区别同种用途的其他技术的特点，培养学生职业活动过程中的技术比较与选择能力。

承担职业活动体系构建任务的教材，依据不同职业活动对所从事人特质的要求，分别采用了过程驱动、情景驱动、效果驱动的方式，形成了做学合一的各种教材结构与体例，诸如：项目结构、案例结构等。过程驱动教材结构能够较好地培养所从事人的程序逻辑思维；情景驱动教材结构能够较好地培养所从事人的情景敏感特质；效果驱动教材结构能够较好地培养所从事人的发散思维。

本套教材无论从课程标准的开发、教材体系的建立、教材内容的筛选、教材结构的设计还是教材素材的选择，都得到了信息技术专家的大力支持，他们在信息技术行业职业资格标准和各类信息技术在我国应用的广泛程度方面，提出了十分有益的建议；本套教材倾注了国内知名职业教育专家和全国一百多所中等职业学校信息技术类一线教师的心血，他们对信息技术类专业培养的人才类型提出了可贵意见，对信息技术类专业教学提供了丰富的素材和鲜活的教学经验。

如本套教材有不足之处，敬请各位专家、老师和广大同学不吝赐教。希望通过本套教材的出版，为我国中等职业教育和信息技术产业的发展做出贡献。

邓泽民
2010年7月

前 言

FOREWORD

随着计算机技术的发展，越来越多的人已经认识到，计算机知识与应用能力是衡量人才的重要标准。只有具备一定的计算机语言基础，才能提高计算机的应用能力。

中等职业学校要培养未来高素质的技能型人才，让学生掌握计算机语言的基本语法和基本结构，不仅能提高学生应用计算机的能力，同时还为学生职业生涯发展和可持续发展奠定坚实的基础。

本教材以Visual Basic 6.0为基础平台，内容包括：初识编程语言、Visual Basic可视化编程入门、Visual Basic 简单程序设计、Visual Basic结构化程序设计、Visual Basic 数组与结构程序设计、Visual Basic 过程与函数设计、Visual Basic 应用程序界面设计、Visual Basic 数据库应用程序设计、Visual Basic 文件与多媒体程序设计、VBA程序入门等。其中，VBA 程序设计入门为选修内容。

学习计算机语言理论，对于中职学生来说，枯燥、难懂，学生不感兴趣。本教材的任务和案例经过多年的教学实践，从中提炼并精心编排。经过实验表明，学生愿意动手操作和主动研究，在实践中，学生能学会计算机语言的语法和基本结构，提高了学生分析问题和解决问题的能力，并且具备了计算机的基本应用技能。

本教材编写体现了“做中学，做中教”的教学理念，体现了课堂教学中，以学生为主体的教学环境，体现了以学生“做”为主线的教学体系。将知识点分解，并以任务驱动方式编排内容，学生通过上机实践，学习和体验编程语言的功能和应用，使编程语言教学具有生动、有趣、易于理解等特点。

本教材由薛尚青、王健任主编。其中，第 1、2、7 章由贾佳编写，第 3~6、9 章由巩小林编写，第 8 章由刘粉萍编写，第 10 章由薛尚青编写。

由于编者水平有限，编写时间短，书中难免存在不足与疏漏之处，敬请广大读者提出保贵意见，再版时我们将进行修订。

编　者

2010 年 11 月

目录

CONTENTS

第1章 初识编程语言

1.1 了解编程语言

1.1.1 了解程序

1. 程序

程序是任何有目的的，预想好的动作序列，它是一种软件。计算机要运转起来，需要一整套可运行的软件，即计算机程序。

在实际操作中，移动鼠标就能选择操作者想要完成的任务、通过键盘就能输入操作者需要的数据。但计算机每执行一个操作，其实接受的都是用计算机语言编写的程序。计算机程序是计算机要执行指令的集合，它表达了程序员要求计算机执行的操作。

2. 程序设计

程序设计（Programming）是指设计、编写、调试程序的方法和过程。

3. 程序设计语言

人们要控制计算机，就要使用计算机程序设计语言向计算机发出指令。程序设计语言到底是怎么一回事？它是不是就像人们生活中使用的语言呢？程序设计语言其实就是人与计算机交互的一组记号和一套规则而已。当人们按这种规则去做时，计算机就能执行我们发出的指令。

程序设计语言包含语法、语义等。语法表示程序的结构或形式，即表示构成程序的各个记号之间的组合规则。语义表示程序的含义，即表示按照各种方法所表示的各个记号的特定含义。

程序设计语言也就是编程语言。

1.1.2 回顾编程语言的发展历程

从发展历程来看，编程语言经历了从机器语言、汇编语言到高级语言的3个历程。

1. 机器语言

计算机只能识别用1和0表示的高、低电位。所以要想使用计算机语言指挥计算机工作，就要编写由“0”和“1”组成的指令序列，即机器语言，它就是第一代计算机语言。

2. 汇编语言

用一些简单的英文字母、符号串来替代一个特定指令的二进制串，比如，用ADD代表加法，用 MOV 代表数据传递等，这样一来，人们很容易读懂并理解程序在干什么，当程序出现错误或需要维护时就变得方便多了，这种程序设计语言称为汇编语言，即第二代计算机语言。

3．高级语言

高级语言接近于数学语言或人的自然语言，同时又不依赖于计算机硬件，编写的程序能在所有机器上通用。经过努力，1954 年，第一个完全脱离机器硬件的高级语言——Fortran 问世了，50 多年来，共有几百种高级语言出现，影响较大的有几十种，使用较普遍的有 Fortran、ALGOL、COBOL、BASIC、Pascal、C、C ++、VC、Visual Basic、Java、C#、ASP.NET 等。高级语言易学易用，通用性强，应用广泛。

高级语言的发展也经历了从早期普通的非结构化程序语言到结构化程序设计语言，从面向过程到面向对象语言，再到可视化程序设计语言的发展过程。

1.1.3 了解当前主流编程语言

1．C 语言

C 语言功能丰富，表达能力强，有丰富的运算符和数据类型，使用灵活方便，应用面广，移植能力强，编译质量高，目标程序效率高，具有高级语言的优点。同时，C 语言还具有低级语言的许多特点，如允许直接访问物理地址，能进行位操作，能实现汇编语言的大部分功能，可以直接对硬件进行操作等。用 C 语言编译程序产生的目标程序，其质量可以与汇编语言产生的目标程序相媲美，具有“可移植的汇编语言”的美称，成为编写应用软件、操作系统和编译程序的重要语言之一。C 语言的应用范围很广，从底层的嵌入式系统、工业控制、智能仪表、编译器、硬件驱动，到高层的行业软件后台服务、中间件等，都可以由 C 语言实现。

2．C++面向对象的程序设计语言

C++是从 C 语言发展而来的。C++支持面向对象的程序设计方法，特别适合中型和大型的软件开发项目，从开发时间、费用到软件的重用性、可扩充性、可维护性和可靠性等方面，C++均具有很大的优越性。同时，C++又是 C 语言的一个超集，这就使得许多 C 代码不经修改就可被 C++编译通过。C++在以下领域，有着根本性的优势：低级系统程序设计、高级系统程序设计、嵌入式程序设计、数值科学计算、通用程序设计以及混合系统设计等。高级系统程序设计包括：操作系统核心、网络管理系统、编译系统、电子邮件系统、文字排版系统、图像和声音的编排系统、通信系统、用户界面、数据库系统等。嵌入式系统包括：照相机、火箭、电话交换机、汽车等。数值/科学计算包括：仿真、实时数据获取和数据库访问等。

3．Java 面向对象的程序设计语言

Java 语言是一种既面向对象又可跨平台的程序设计语言，由 Sun（太阳微电子，已被 Oracle 收购）公司开发。Sun 公司对 Java 编程语言的解释是：Java 编程语言是个简单、面向对象、分布式、解释性、健壮、安全与系统无关、可移植、高性能、多线程和动态的语言。Java 语言产生于 C++语言之后，是完全面向对象的编程语言。Java 语言适用于开发除系统软件、驱动程序、高性能实时系统、大规模图像处理以外所有的应用。Java 语言的主要应用于企业应用开发。Java 语言在长期的发展和演化之后，已经成为开发 Web 应用的主要程序设计语言。整体而言，Java

语言技术已经非常成熟，达到了应用的高峰期。

4. PHP、ASP、JSP——常用的三种动态网页交换技术

PHP是超文本预处理语言（Hypertext Preprocessor）的缩写。作为一种工具，它可以创建动态Web页面。PHP不依赖于浏览器，它是一种 HTML 内嵌式的语言，主要用于服务端的脚本程序。PHP程序可以运行在UNIX、Linux或者Windows操作系统下，对客户端浏览器也没有特殊要求。它大量采用了C、Java和Perl语言的语法，并加入了各种PHP自己的特征。PHP的主要优点在于：它是免费的，现在大多数商业网站都采取PHP作为系统开发工具的主要原因就在此；它有多平台支持，可以运行在所有操作系统之下；执行效率高，由于PHP是将程序嵌入到HTML文档中去执行，因此执行效率很高。

PHP目前在开发语言排行榜（TIOBE）排名第5位，仅次于C、C++、Java和Visual Basic。同时，PHP是世界上使用率最高的网页开发语言。从PHP 3到主流的PHP 4，再到PHP 5、PHP 6，PHP越来越完善、功能更强大因此也得到更多Web开发者的青睐。

ASP（Active Server Page）活动服务器网页。是微软公司开发的一种Web开发技术。

JSP（Java Server Page）是基于Java的技术，用于创建可支持跨平台及跨Web服务器的动态网页。它是在传统的静态页面中加入Java程序设计片段和JSP标记，构成JSP页面，是由Sun公司推出的技术。

5. Visual Basic 可视化程序设计语言

Visual Basic 简称VB，它是以BASIC语言作为基本语言的一种可视化编程工具。Visual Basic开发效率高，代码执行效率一般，但是，入门和学习速度快，有较好的学习氛围和帮助文档。因此，本书将带领大家在后面的内容中详细学习如何使用Visual Basic。

1.1.4 认识 Visual Basic 6.0 界面的元素

Visual Basic 6.0的开发环境由8部分组成，如图1-1所示。根据图1-1，请填写表1-1。

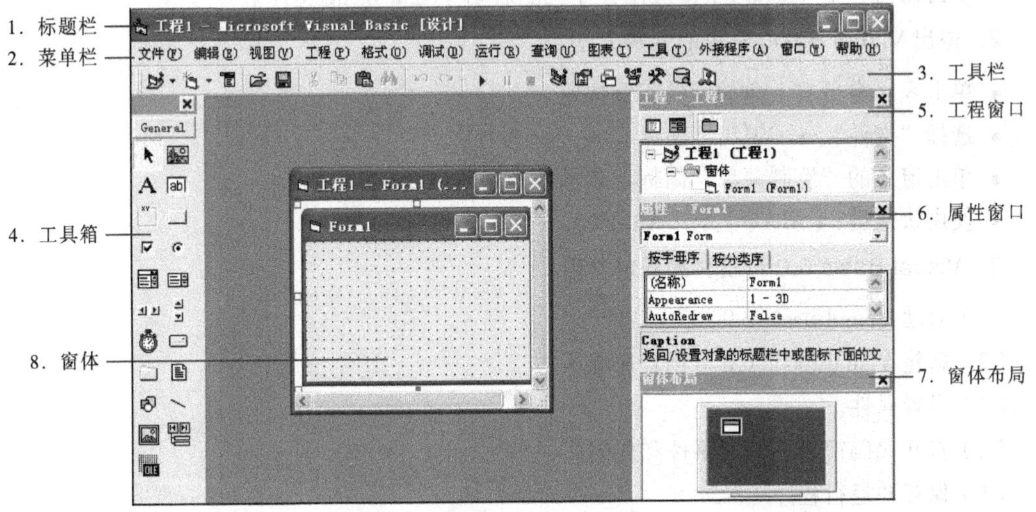

图1-1 Visual Basic 6.0开发环境

表 1-1 Visual Basic 6.0 的开发环境

序号	名称	作用
1		
2		
3		
4		
5		
6		
7		
8		

1.2 Visual Basic 6.0 的基本操作

任务 Visual Basic 6.0 基本操作

任务描述

本任务主要学习启动和退出 Visual Basic 6.0 的方法，了解 Visual Basic 6.0 可视化编程的步骤。

任务操作要点

1. 启动 Visual Basic 常用的 3 种方法

- 选择“开始”→“所有程序”→“Microsoft Visual Basic 6.0 中文版”→“Microsoft Visual Basic 6.0”命令，启动 Visual Basic 程序。
- 双击 Visual Basic 6.0 的主文件 Visual Basic 6.0 .exe，启动 Visual Basic 6.0 程序。
- 双击任何一个 Visual Basic 应用程序也能启动 Visual Basic 程序。

2. 退出 Visual Basic 常用的 4 种方法

- 单击程序窗口右上角的“关闭”按钮。
- 选择“文件”→“退出”命令。
- 单击窗体的“控制菜单”图标，选择“关闭”命令。
- 使用快捷键：【Alt+Q】或【Alt+F4】。

3. Visual Basic 6.0 可视化编程的步骤

（1）启动 Visual Basic 6.0。

（2）新建 Visual Basic 6.0 应用程序界面。

（3）设置属性。

（4）打开代码窗口，编写事件和代码。

（5）保存并运行程序。

（6）退出 Visual Basic 6.0。

相关知识

1. Visual Basic 6.0 的运行环境

（1）硬件：要求 Pentium 4 或更高的 CPU，300MB 以上的硬盘剩余空间，32MB 以上的内存。

（2）软件：Windows 98 或更高版本，Windows NT4.0 或更高版本。

2. 安装 Visual Basic 6.0

将 Visual Basic 6.0 安装光盘插入光驱，运行安装程序 Setup.exe，选择“安装 Visual Basic 6.0”选项，根据屏幕提示进行安装即可。

提 示

安装 Visual Basic 6.0 时，系统提供了两种安装选项：典型安装和自定义安装。选择典型安装即可满足初学者的需求。

3. 常用操作命令和功能介绍

（1）标题栏：位于开发环境的顶端，用来显示窗口的标题。启动 Visual Basic 6.0 时，标题栏显示标题“工程 1–Microsoft Visual Basic [设计]”，此时表明当前正在工作的程序“工程 1”处于“设计”状态，当执行程序时“[]”中的文字将变为“运行”，调试程序时“[]”中的文字将变为 Break（中断）。标题栏最左端的图标为“控制菜单”图标。

（2）菜单栏：菜单栏如图 1–2 所示。

文件(F) 编辑(E) 视图(V) 工程(P) 格式(O) 调试(D) 运行(R) 查询(U) 图表(I) 工具(T) 外接程序(A) 窗口(W) 帮助(H)

图 1–2　菜单栏

每个菜单的具体功能如下：

- “文件”：用于创建、打开、保存、显示最近使用的工程并生成可执行文件。
- “编辑”：用于编辑程序源代码。
- “视图”：用于打开或隐藏集成开发环境下程序源代码、属性等各种窗体。
- “工程”：用于处理控件、模块和窗体等对象。
- “格式”：用于设计时调整窗体中对象的布局。
- “调试”：用于对应用程序进行调试。
- “运行”：用于启动、设置中断、停止和继续执行程序。
- “查询”：用于设计数据库应用程序时用的 SQL 属性。
- “图表”：用于在设计数据库应用程序时编辑数据库。
- “工具”：用于添加过程、设置过程属性、启动菜单编辑器和设置系统选项等。
- “外接程序”：用于为工程增加或删除外接程序。
- “窗口”：用于设置窗口的放置方式，包括平铺、层叠、激活及列出所有打开文档窗口等。
- “帮助”：用于为用户学习提供联机帮助信息。

（3）工具栏：位于菜单栏的下方，以图标的形式为用户提供常用的菜单命令，用户只要单击按钮即可执行相应的操作。

（4）工具箱：位于界面的左侧，它提供在程序设计时需要使用的常用工具，使用这些工具就能在窗体上设计出所需的应用程序界面，如图 1-3 所示。

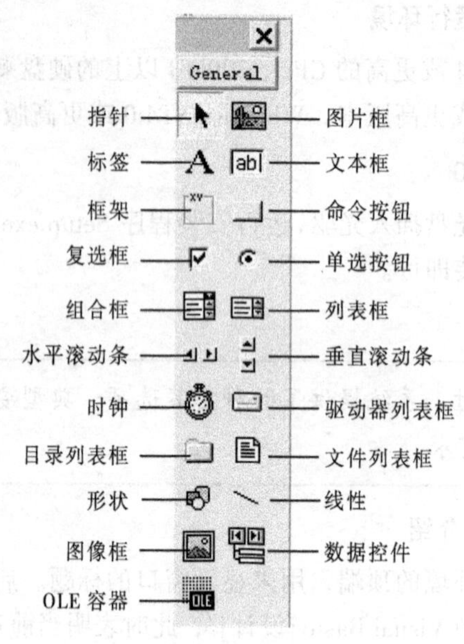

图 1-3　工具箱

（5）工程窗口：位于屏幕的右上方，又称工程资源管理器窗口，是用来管理应用程序中各种文件的窗口。一个应用程序可以包含 5 类文件，即窗口文件、程序文件、类文件、用户控件文件和属性页文件。

（6）属性窗口：位于工程窗口的下方，属性窗口中显示的是当前被激活的对象的所有属性，用户可以通过属性窗口来设置或修改对象的各种属性。

（7）窗体布局。

（8）窗体：位于整个开发环境的中间部分，是进行可视化设计的场所，也是建立 Visual Basic 应用程序的主体部分，窗体相当于一张画布，用户在这张画布上进行应用程序的界面设计。

思考与练习

1. 启动 Visual Basic 6.0，将标签、文本框、命令按钮、图片框 4 个控件拖到窗体中，整齐排列。（顺序自定）

2. 将上题的程序，以“我的 Visual Basic 程序”为名称进行保存。

第2章 Visual Basic可视化编程入门

2.1 可视化编程入门

任务1 初识可视化编程——在窗体上显示文字

任务描述

设计一个程序，每次单击命令按钮时，就会在窗体上显示“欢迎进入 Visual Basic 的世界！”一行文字，效果如图 2-1 所示。(此图为单击两次“显示”按钮的效果)

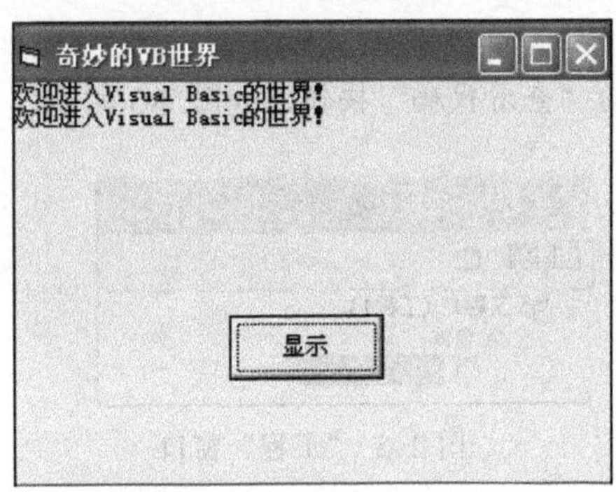

图 2-1 在窗体上显示文字

任务要求

通过本例，了解什么是可视化编程，并掌握 Visual Basic 可视化编程的步骤。

任务操作要点

(1) 启动 Visual Basic 6.0。

(2) 界面设计。向打开的窗体（Form1）中添加一个命令按钮（Command1）。

(3) 属性设置。在属性窗口中选择 Form1 对象，设置其 Caption 属性值为“奇妙的 VB 世界”，如图 2-2 所示。使用同样的方法，在属性窗口中选择 Command1 对象，设置其 Caption 属性值为“显示”。

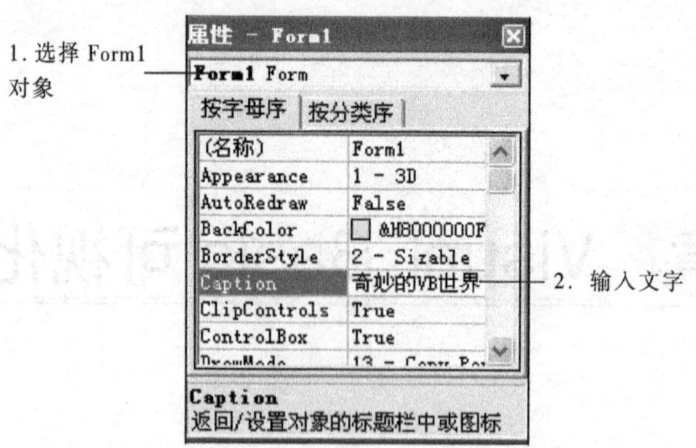

图 2-2　设置 Form1 的 Caption 的属性值

（4）打开代码窗口，编写事件代码如下：

```
Private Sub Command1_Click()
  Print "欢迎进入Visual Basic的世界！"
End Sub
```

程序运行结果见图 2-1。

提 示

进入代码窗口的 3 种方法如下：

- 双击当前窗体。
- 单击“工程”窗口的“查看代码”按钮，如图 2-3 所示。

图 2-3　“工程”窗口

- 在菜单栏中选择“视图”→“代码窗口”命令。

相关知识

1. 可视化编程的步骤

（1）设计用户界面。这是编程的第一步，使用工具箱中的控件按用户需求设计合理的用户界面。

（2）设置属性。在属性窗口中对窗体和控件的属性初始值进行设置，若有其他需要，用户还可以在应用程序代码中为相应的控件设置属性值。

（3）编写应用程序代码。为应用程序编写相应的代码，实现用户所需的功能。

在 Visual Basic 中，采用的是事件驱动程序设计机制，大部分程序是针对各对象能支持的事件编写的。

（4）运行、调试应用程序。运行、调试应用程序的 3 种方法如下：

- 当用户编辑好程序后，选择“运行”→“启动”命令，或单击工具栏中的▶按钮运行程序。
- 按【F5】键运行程序。
- 在运行状态下检测编辑好的应用程序是否符合用户需求，如发现错误，要及时找出错误并修改调试，调试结束后，选择“运行”→“结束”命令，或单击工具栏中的■按钮终止程序。

（5）保存应用程序。

保存工程文件时，由于一个工程包含多个不同类型的文件，因此，需要分别对不同类型文件进行保存。

保存的顺序：先将工程中所有窗体及其他类型的文件依次保存，最后保存工程文件。窗体文件的扩展名是.frm，工程文件的扩展名是.vbp，用户可以根据需要选择系统默认的文件名或使用自定义的文件名。

2．添加控件的方法

（1）单击工具箱中所需的控件，将鼠标移动到窗体适当位置上，当鼠标指针变成十字型时，按下鼠标左键并拖动，然后释放鼠标左键即可。

（2）双击工具箱中所需控件的图标。

3．调整控件大小的方法

单击窗体上的控件，控件的四周会出现 8 个控制点，通过拖动控制点可以调整控件的大小，也可以使用鼠标拖动来改变控件的位置。调整结束后，单击窗体任意空白处即可。

4．设置代码窗口

（1）确定事件过程的对象。在代码窗口的“对象”下拉列表框中选定一个对象。

（2）确定触发过程的事件。在“过程”下拉列表框中选择要响应的事件名称。

（3）在 Private Sub 和 End Sub 之间输入代码，如图 2-4 所示。

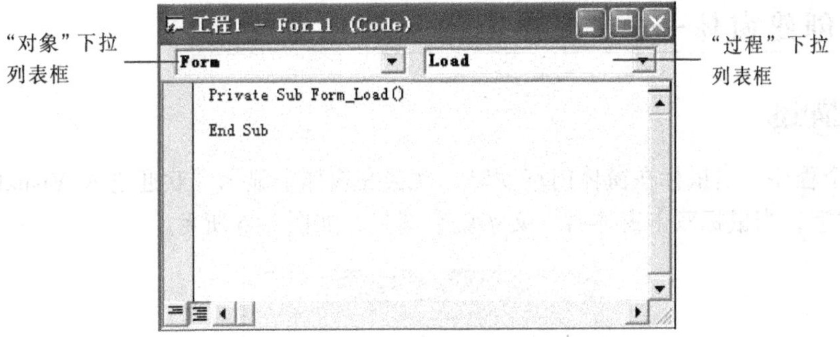

图 2-4　代码窗口

5．设置属性的方法

（1）选中对象后，在窗体右侧属性窗口的属性列表中找到所需的属性，然后从键盘输入该属性的值，或者在系统提供的选项中选择一个属性值。

（2）在代码窗口中，通过编程给对象的属性赋值。

格式：

```
对象名.属性名=属性值　'语句中若省略了对象名，则默认对象为窗体
```

例如：

```
Form1.Caption="窗体"  '表示将对象 Form1 的标题属性赋值为“窗体”
```

说明：

对象的属性众多，用户不必为每个属性赋值，若没有为属性赋值，则该对象使用默认的属性值。

6. 调用“方法”的方法

格式：

```
对象名.方法名
```

例如：

代码“Print "欢迎进入Visual Basic的世界！"”的作用是在窗体上显示字符串"欢迎进入Visual Basic 的世界！"。这条语句中省略了对象名，在省略的情况下，则表示调用方法的对象为当前对象。本例中的语句，完整的应写为“Form1.Print "欢迎进入 Visual Basic 的世界！"”。

7. 可视化编程中常用的概念

（1）对象：是窗体和控件的总称。构成用户图形界面的每个可视控件均可视为一个对象。

（2）事件：是由系统预先设置好的，能够被对象识别的动作。不同的对象能识别的事件是不同的。例如，窗体对象能识别双击事件，但命令按钮却识别不了双击事件。每个对象所能识别的事件可以到该对象代码窗口右边的“过程”下拉列表框中查看。

（3）属性：用来描述对象的特征。每个对象所具有的属性各不相同。到底什么属性呢？打比方来说，把人看做一个对象，“王红”是这个对象的名称属性，“女”是这个对象的性别属性，“18”是这个对象的年龄属性，“中专生”是这个对象的学历属性，这些属性和“体重”、“身高”、“住址”、“兴趣、爱好”等属性一起向人们描述了一个人的特征。

（4）方法：是 Visual Basic 提供的一种特殊的子程序，用来完成一定的操作。例如，本任务中的 Print 就是一种用来输出信息的方法。

任务 2　创建窗体——在窗体上显示和隐藏文字

任务描述

设计一个程序，当鼠标在窗体内移动时，就会在窗体上显示“欢迎进入 Visual Basic 的世界!”一行文字，当鼠标双击窗体时，文字就会消失，如图 2-5 所示。

图 2-5　窗体的效果

任务要求

通过本任务掌握如何新建窗体，掌握窗体的常用属性、事件及方法。

任务操作要点

（1）在窗体上添加控件：添加一个标签控件。

（2）设置对象的属性，如表 2-1 所示。

表 2-1 属性设置

控件名称	属　性	属 性 值
Form1	Caption	创建窗体
	（名称）	Form1
Label1	Caption	空
	（名称）	LalShow

（3）打开代码窗口，编写事件代码如下：

```
Private Sub Form_DblClick()
  LalShow.Caption=""
End Sub

Private Sub Form_MouseMove(Button As Integer, Shift As Integer, X As Single, _
Y As Single)
  LalShow.Caption="欢迎进入 Visual Basic 的世界! "
End Sub
```

提 示

（1）Caption 属性和“名称”属性的区别：

Caption 属性是显示在对象上给用户看的。

“名称”属性是用来给程序识别的，在设计应用程序时使用。

（2）当要修改对象的属性时，一定要先选中该对象，再到属性窗口中按用户需要设置该对象的属性值。

相关知识

1. 窗体的属性

（1）Caption 属性：用来指定窗体标题栏中显示的文本内容。

（2）“名称”属性：用来在程序中标识窗体。

（3）BackColor、ForeColor 属性：BackColor 属性用来设置窗体的背景色；ForeColor 属性用来设置窗体的前景色。

（4）Font 属性：用来设置窗体的文字样式。其属性值及含义如下：

（5）BorderStyle 属性：用来设置窗体边框的样式。

2-Sizable：默认值，设置窗体有边框，大小可以改变。

0-None：窗体无边框。

1-Fixed Single：窗体大小是固定的。

3-Fixed Dialog：有边界，不能改变窗体的大小。

（6）Height、Width 属性：Height 属性用来设置窗体的高度；Width 属性用来设置窗体的宽度。

（7）Left、Top 属性：Left 属性用来设置窗体左边界距屏幕左边界的距离；Top 属性用来设置窗体顶部距屏幕顶部的距离。通过 Left 和 Top 属性，可确定窗体在屏幕上的位置。

（8）Visible 属性：用来设置窗体的可见性。它有两个值可以选择：

True：默认值，窗体可见。

False：窗体不可见。

（9）ControlBox 属性：用来设置窗体是否包含“关闭窗体”按钮。它有两个值可以选择：

True：默认值，窗体右上角显示“最大化”、“最小化”和“关闭”按钮。

False：窗体右上角不显示“最大化”、“最小化”和“关闭”按钮。

2．窗体的常用事件

窗体的常用事件有：Click()（单击）、DblClick()（双击）、MouseMove()（鼠标移动）、MouseDown()（按下鼠标）、MouseUp()（释放鼠标）。

3．窗体的常用方法

Cls 方法：清除窗体中的内容。

Print 方法：在窗体上显示文字。

Hide 方法：隐藏窗体。

Show 方法：显示窗体。

Move 方法：移动窗体。

4．为对象添加代码

以第一段代码为例进行介绍：

```
Private Sub Form_DblClick()
  LalShow.Caption=""
End Sub
```

进入代码窗口后，可以进行以下操作：

（1）在“对象”下拉列表框中选择需要编写代码的对象，本例中的对象是窗体。因此我们在“对象”下拉列表框中选择 Form。

（2）在“过程”下拉列表框中选择双击事件（DblClick）。当选择了对象和事件后，在代码窗口中立即出现 Form_ DblClick()的过程框架。

```
Private Sub Form_DblClick()
End Sub
```

（3）在 Private Sub Form_DblClick()和 End Sub 两行之间输入程序语句。本例中要实现清空标签框里的内容，因此，输入代码：LalShow.Caption = ""。

2.2 控件的使用

控件是Visual Basic应用程序的重要组成部分，与窗体一起形成Visual Basic应用程序的外观，也是Visual Basic的对象，每个控件都有自己的属性。下面介绍最常用的3个控件，即命令按钮、标签和文本框。

任务1 命令按钮

任务描述

将2.1节任务1的例题进行修改，使用按钮来实现在窗体上显示、隐藏文字，退出程序。在窗体上添加3个按钮，分别是“显示文字”按钮、“清除”按钮和“退出”按钮。

当单击“显示文字”按钮时，在窗体上显示文字“欢迎进入 Visual Basic 的世界！”；当单击“清除”按钮时，窗体上的文字“欢迎进入Visual Basic的世界！”被清除；当单击“退出”按钮时，退出应用程序。程序运行效果如图2-6所示。

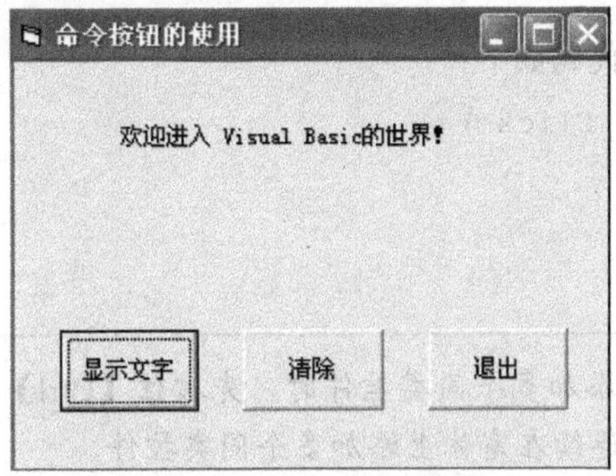

图2-6 程序运行效果

任务要求

通过本例掌握如何使用命令按钮控件，掌握命令按钮的常用属性、事件及方法。

任务操作要点

（1）在窗体上添加控件：在窗体上添加1个标签控件和3个命令按钮控件。

（2）设置对象属性，如表2-2所示。

表2-2 属性设置

控件名称	属性	属性值
Form1	Caption	命令按钮的使用
	（名称）	Form1
Label1	Caption	空
	（名称）	LblShow
Command1	Caption	显示文字
	（名称）	cmdShow

续表

控件名称	属　性	属性值
Command2	Caption	清除
	（名称）	cmdClear
Command3	Caption	退出
	（名称）	cmdExit

（3）打开代码窗口，编写事件代码如下：

①“显示文字”命令按钮的代码如下：

```
Private Sub cmdShow_Click()
  LblShow.Caption="欢迎进入 Visual Basic 的世界！"
End Sub
```

②“清除”命令按钮的代码如下：

```
Private Sub cmdClear_Click()
  LblShow.Caption=""
End Sub
```

③“退出”命令按钮的代码如下：

```
Private Sub cmdExit_Click()
  End
End Sub
```

提 示

（1）当需要在窗体上添加多个同类控件时，先按住【Ctrl】键，然后在工具箱中单击需要的控件，这时就可以连续在窗体上添加多个同类控件。

（2）按【Esc】键可退出编辑状态，可继续添加其他控件或进行其他操作。

相关知识

1．命令按钮的属性

（1）Caption 属性：用来指定命令按钮的名称。用户可通过该属性为按钮设置快捷键。

设置快捷键的具体方法如下：在 Caption 属性的属性值内插入一个“&”符号，则该符号后面的字母将成为该按钮的快捷键。设置快捷键后，当程序运行时，使用【Alt+快捷键】即可。

（2）“名称”属性：用来在程序中标识命令按钮。

（3）Enable 属性：用来设置命令按钮是否可用。它有两个值可以选择：

True：命令按钮可用。

False：命令按钮不可用。

（4）Font 属性：用来设置命令按钮的文字样式。

（5）Visible 属性：用来设置命令按钮在窗体上是否可见。它有两个值可以选择：

True：程序运行后，命令按钮在窗体上可见。

False：程序运行后，命令按钮在窗体上不可见。

（6）Value 属性：用来设置命令按钮的选中状态，此属性一般在程序运行时使用。它有两个属性值可以选择：

True：激活命令按钮的单击事件。

False：命令按钮未激活。

利用该属性可以在程序运行时通过代码直接激活命令按钮。

（7）Style 属性：用来设置命令按钮的外观样式。它有两个值可以选择：

0：标准样式。

1：图形样式。与 Picture 属性配合使用可在命令按钮上添加图片。

（8）Default 属性：用来设置命令按钮是否为"默认"按钮。它有两个值可以选择：

True："默认"按钮，按【Enter】键，即可触发其 Click 事件。

False：非"默认"按钮。

（9）Cancel 属性：用来设置命令按钮为"取消"按钮。它有两个值可以选择：

True："取消"按钮，按【Esc】键即可触发其 Click 事件。

False：非"取消"按钮。

2．命令按钮能识别的常用事件

命令按钮能识别的常用事件有：Click（单击）、GetFocus（获得焦点）、LostFocus（失去焦点）。

提 示

命令按钮不能识别 DblClick（双击）事件。

3．命令按钮的方法

Move 方法：移动或改变大小。

SetFocus 方法：设置焦点。

任务 2 标签

任务描述

设计一个程序，显示当天日期及距 2010 年上海世博会开幕的倒计时天数。当程序运行时，界面如图 2-7 所示。

- 当单击"倒计时天数"按钮时，程序可以显示当天的日期及距世博会开幕的倒计时天数，天数用红色字体标注。
- 当单击"返回"按钮时，恢复原来初始的运行界面。
- 当单击"退出"按钮时，退出整个程序。

要求：

"倒计时天数"按钮响应【Enter】键，"退出"按钮响应【Esc】键。运行效果如图 2-8 所示。

任务要求

通过本例掌握如何使用标签控件，掌握标签的常用属性和事件。

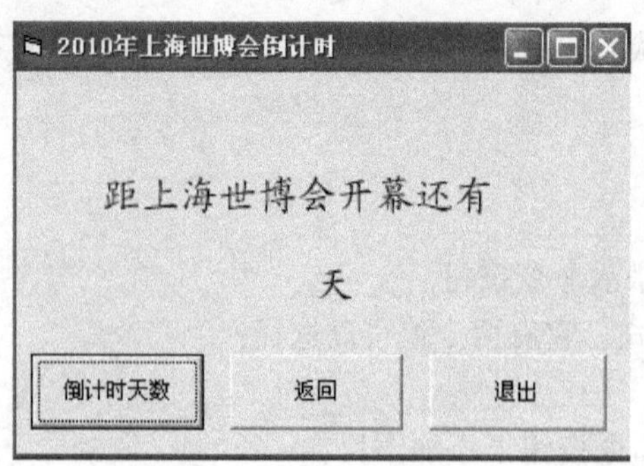

图 2-7　程序界面

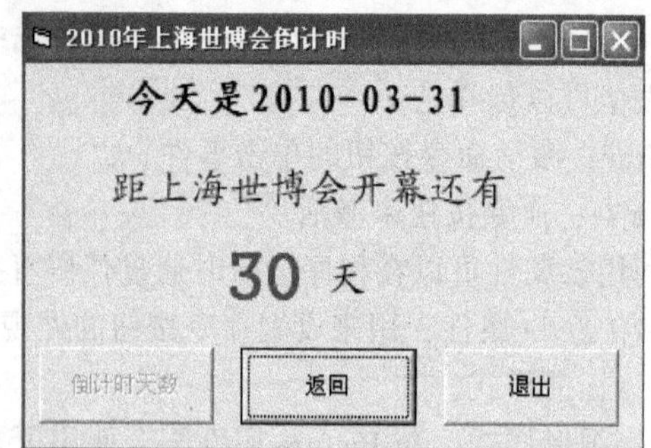

图 2-8　运行效果图

任务操作要点

（1）在窗体上添加控件。在窗体上添加 4 个标签控件和 3 个命令按钮控件。

（2）设置对象属性，如表 2-3 所示。

表 2-3　属性设置

对　　象	属　　性	属　性　值
Form1	Caption	2010 年上海世博会倒计时
	（名称）	Form1
Label1	Caption	空
	（名称）	lblDate
	Alignment	2-Center
	Font	字体：楷体；字型：粗体；字号：三号
Label2	Caption	距上海世博会开幕还有
	（名称）	lblShow1
	Font	字体：楷体；字号：三号
Label3	Caption	空
	（名称）	lblCount
	Font	字体：Gungsuh；字型：粗体；字号：一号
	FontColor	&H000000FF&
Label4	Caption	天
	（名称）	lblShow2
	Font	字体：楷体；字号：三号
Command1	Caption	倒计时天数
	（名称）	cmdCount
	Default	True
Command2	Caption	返回
	（名称）	cmdReturn
	Enabled	False
Command3	Caption	退出
	（名称）	cmdExit
	Cancel	True

（3）打开代码窗口，编写事件代码。

“退出”命令按钮的事件代码如下：

```
Private Sub cmdExit_Click()
  End
End Sub
```

“返回”命令按钮的事件代码如下：

```
Private Sub cmdReturn_Click()
  cmdReturn.Enabled=False
  cmdCount.Enabled=True
  lblCount.Caption=""
  lblDate.Caption=""
End Sub
```

“倒计时天数”命令按钮的事件代码如下：

```
Private Sub cmdCount_Click()
  lblDate.Caption="今天是"+Date$
  Dim iDayLeft As Integer
  Const dateOlympics As Date=#5/1/2010#    '上海世博会日期
  iDayLeft=CInt(dateOlympics - Now)        '取整数部分(天数)
  lblCount.Caption=iDayLeft                '在 Label3 中显示倒计时天数
  cmdCount.Enabled=False
  cmdReturn.Enabled=True
End Sub
```

提 示

标签控件只能用来输出信息，无法输入信息，也不能在标签控件中对输出信息进行修改。

相关知识

1. 标签控件的常用属性

（1）Caption 属性：用来指定在标签中显示的内容。

（2）“名称”属性：用来在程序中标识标签。

（3）Alignment 属性：用来设置标签中内容的对齐方式。它有 3 个值可以选择：

0：标签中的内容左对齐。

1：标签中的内容右对齐。

2：标签中的内容居中对齐。

（4）Font 属性：用来设置标签中的文本样式。

（5）Forecolor、Backcolor 属性：Forecolor 属性用来设置标签中内容的颜色，及标签的前景颜色；Backcolor 属性用来设置标签的背景颜色。

（6）BackStyle 属性：用来设置标签的背景风格。它有两个属性值可以选择：

0：透明风格。

1：不透明风格。

只有当 BackStyle=1 时，才可以设置 Backcolor 属性。

（7）BorderStyle 属性：用来设置标签的外观样式。它有两个值可以选择：

0：无边框。

1：有边框。

（8）Visible 属性：用来设置标签在窗体上是否可见。它有两个值可以选择：

True：在窗体上可见。

False：在窗体上不可见。

2．标签控件能识别的常用事件

标签控件能识别的常用事件有：Click（单击）、Double Click（双击）、Mouse Move（鼠标移动）、Mouse Down（按下鼠标）、Mouse Up（释放鼠标）、Change（标题信息改变）。

任务 3　文本框

任务描述

设计一个程序，使用户可以查看文字的样式，用户界面如图 2-9 所示。当用户输入文字时，即可看到该文字样式的效果。程序运行效果如图 2-10 所示。

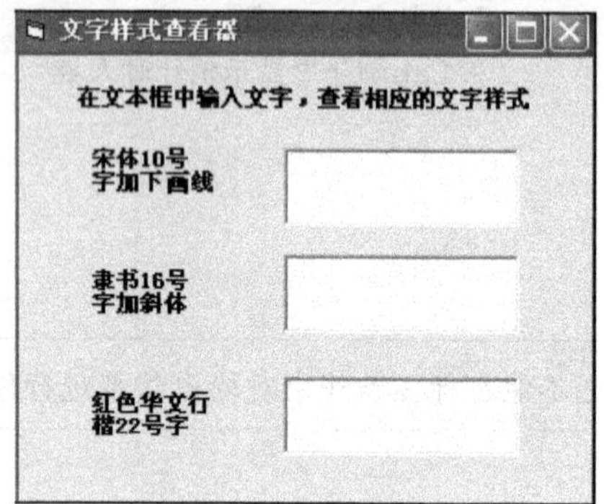

图 2-9　用户界面

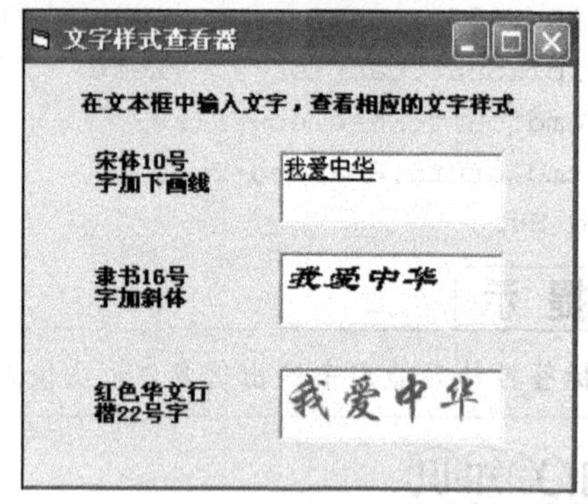

图 2-10　运行效果

任务要求

通过本例掌握如何使用文本框控件，掌握文本框的常用属性、事件。

任务操作要点

（1）在窗体上添加控件。在窗体上添加 4 个标签控件和 3 个文本框控件。

（2）设置对象属性，如表 2-4 所示。

表 2-4　属性设置

控 件 名 称	属　　性	属 性 值
Form1	Caption	文字样式查看器
	（名称）	Form1
Label1	Caption	宋体 10 号字加下画线
	Font	字型：粗体

续表

控件名称	属性	属性值
Label2	Caption	隶书 16 号字加斜体
	Font	字型：粗体
Label3	Caption	红色华文行楷 22 号字
	Font	字型：粗体
Text1	Text	空
Text2	Text	空
Text3	Text	空

（3）打开代码窗口，编写事件及代码。

```
Private Sub Text1_Change()
  Text1.FontName="宋体"
  Text1.FontSize=10
  Text1.FontUnderline=True
End Sub

Private Sub Text2_Change()
  Text2.FontName="隶书"
  Text2.FontSize=16
  Text2.FontItalic=True
End Sub

Private Sub Text3_Change()
   Text3.FontName="华文行楷"
   Text3.FontSize=22
   Text3.ForeColor=QBColor(12)
End Sub
```

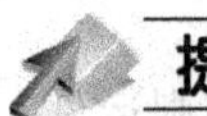

提 示

文本框既可以显示文本也可以输入文本，但一个文本框只能显示同一字体字号的文本，且文本框只能接受字符型数据。

相关知识

1. 文本框的常用属性

（1）Text 属性：用来指定文本框中显示的文本内容。

（2）“名称”属性：用来在程序中标识文本框。

（3）MultiLine 属性：用来设置文本框能否接受或显示多行文本。它有两个值可以选择：

True：可以接受或显示多行文本，可以自动换行。

False：只能接受或显示一行文本，不能自动换行。

（4）ScrollBars 属性：用来设置文本框是否有滚动条，此属性只有在 MultiLine 属性为 True 时才起作用。它有 4 个值可以选择：

0：没有滚动条。

1：添加水平滚动条。

2：添加垂直滚动条。

3：水平滚动条和垂直滚动条同时添加。

（5）MaxLength 属性：用来设置文本框允许输入字符的最大长度。

（6）PasswordChar 属性：用来设置密码替换符，此时，将文本框中输入的文本以替换符的形式显示，看不到输入文本的实际内容。例如，如果将 PasswordChar 的属性值设置为“*”，那么，无论在文本框内输入的字符是什么，显示出来的都是*，在文本框中输入密码时应使用此属性。

提 示

当 MultiLine 属性值为 True 时，PasswordChar 属性无效。

（7）Locked 属性：用来设置文本框内的文字是否可以更改。它有两个值可以选择：

True：文本框中的内容不可编辑，文本框变为只读形式。

False：文本框中的内容可以进行编辑。

（8）SelText、SelStart、SelLength 属性：SelText 属性设置选定文本的内容，其值为字符串；SelStart 属性设置选定文本的开始位置；SelLength 属性设置选定文本的长度。

2．文本框能识别的常用事件

文本框能识别的常用事件有：Change（文本框内容发生变化）、GetFocus（获得焦点）、LostFocus（失去焦点）、KeyPress（通过键盘输入）。

2.3 拓 展 练 习

任务描述

设计一个简易计算器，用户可以通过键盘输入两个数字，并可以按用户要求进行四则运算。设计界面如图 2-11 所示。

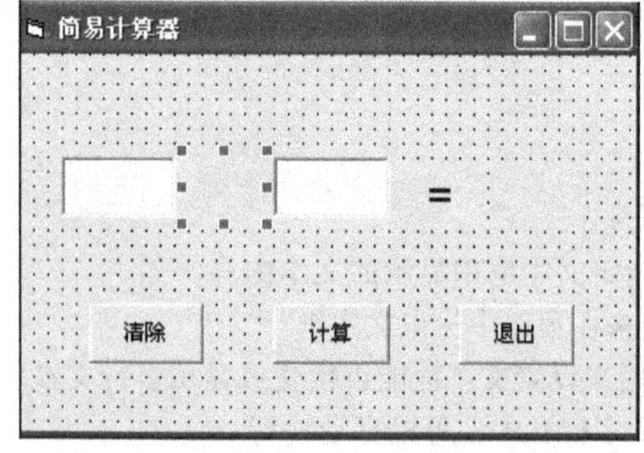

图 2-11　设计界面

任务要求

通过本例熟练掌握窗体、命令按钮、标签、文本框的使用。

任务操作要点

（1）在窗体上添加控件。在窗体上添加 2 个标签控件、3 个文本框、3 个命令按钮控件。

（2）设置对象属性，如表 2-5 所示。

表 2-5 属性设置

控件名称	属性	属性值
Form1	Caption	简易计算器
	（名称）	Form1
Label1（结果）	Caption	空
	（名称）	LblAdv
	Alignment	2-Center
	Font	黑体、加粗、小二
Label2	Caption	=
	（名称）	LblEqu
	Alignment	2-Center
	Font	黑体、加粗、小二
Text1（第一个数字）	Text	空
	（名称）	TxtNo1
	Font	黑体、加粗、小二
Text2（第二个数字）	Text	空
	（名称）	TxtNo2
	Font	黑体、加粗、小二
Text3（运算符）	Text	空
	（名称）	Txt
	Alignment	2-Center
	BorderStyle	0-None
	BackColor	按钮表面
	Font	黑体、加粗、小二
Command1	Caption	清除
	（名称）	CmdClear
Command2	Caption	计算
	（名称）	CmdOperate
Command3	Caption	退出
	（名称）	CmdExit

（3）打开代码窗口，编写事件及代码。

```
Private Sub CmdClear_Click()          '“清除”命令按钮的事件代码
  TxtNo1.Text=""
  TxtNo2.Text=""
  LblAdv.Caption=""
  Txt.Text=""
  TxtNo1.SetFocus
End Sub

Private Sub CmdExit_Click()           '“退出”命令按钮的事件代码
  End
End Sub

Private Sub CmdOperate_Click()        '“计算”命令按钮的事件代码
  no1=Val(TxtNo1.Text)
  no2=Val(TxtNo2.Text)
  Select Case Txt.Text
    Case "+"
      result=no1+no2
      LblAdv.Caption=Str$(result)
    Case "-"
      result=no1-no2
      LblAdv.Caption=Str$(result)
    Case "*"
      result=no1*no2
      LblAdv.Caption=Str$(result)
    Case "/"
      result=no1/no2
      LblAdv.Caption=Str$(result)
  End Select
End Sub
```

提 示

（1）通过设置本例中 Text3 文本框的属性，使它的样式与普通标签样式相似，但它还是具有文本框的功能，与标签的功能不同。所以，一定要输入运算符。

（2）SetFocus 是 Visual Basic 提供的一种“方法”。语句 TxtNo1.SetFocus 的含义是，当程序执行后，让光标总是聚焦在 TxtNo1 文本框中。

思考与练习

（1）设计一个程序，当单击窗体时，就会在窗体上显示“祝亚运会成功！”一行文字，当双击窗体时，文字就会消失。

（2）设计一个程序，使用户可以查看文字的样式。当用户输入文字时，即可看到该文字样式的效果。程序的运行效果如图 2–12 所示。

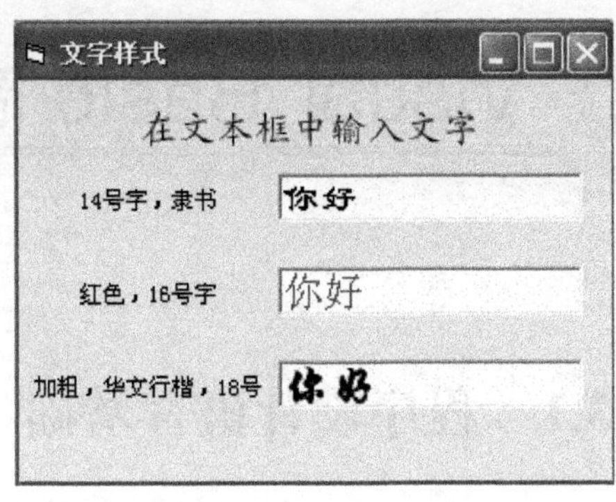

图 2–12　文字样式的效果图

第3章 Visual Basic 简单程序设计

3.1 程序设计语言基础

任务1 认识常量和数据类型

任务描述

声明 salary、bonus、city、birthday 和 workday 为常量并直接赋值，将 total 也声明为常量，但通过 salary 和 bonus 这两个常量将其赋值。

任务要求

通过函数来验证各个常量的类型，并在立即窗口中显现。

任务操作要点

（1）打开代码窗口，编写事件代码如下：

```
Private Sub Form_Load()
  Const salary=2000
  Const bonus=1500.95
  Const city="大连"
  Const birthday=#12/24/2010#, workday=#5/1/2010#
  Const total=salary+bonus
  Debug.Print TypeName(salary)
  Debug.Print TypeName(bonus)
  Debug.Print TypeName(city)
  Debug.Print TypeName(birthday)
  Debug.Print TypeName(workday)
  Debug.Print TypeName(total)
End Sub
```

（2）运行工程，运行效果如图 3-1 所示。

图 3-1　立即窗口的输出

提 示

（1）Print 方法的使用在 3.2 节数据输出中进行详细介绍。

（2）Debug 表明是在立即窗口中输出。

（3）TypeName()函数验证变量的类型。

相关知识

（1）常量是在程序运行中始终保持不变的一种数据，它表示一个固定不变的值。一个常量经过声明，就不能在以后的语句中改变它的值。

（2）常量的命名格式如下：

```
Const 常量名=表达式[,常量名=表达式]...
```

常量的声明一般都放在过程或是函数的开头部分，便于提高程序的清晰度，不能在同一语句中给多个变量赋值。如果是多个常量，则可以将类型相同的常量放在同一行。

（3）数据类型：Visual Basic 中的基本数据类型大体上可以分为数值型、字符型、逻辑型和日期型等，如表 3-1 所示。

表 3-1　VB 中的基本数据类型

数 据 类 型	类型说明符	字 节 数	类 型 后 缀	范　　围
整型	Integer	2	%	-2^{15}～$2^{15}-1$
长整型	Long	4	&	-2^{31}～$2^{31}-1$
单精度浮点数	Single	4	!	10^{-38}～10^{38}
双精度浮点数	Double	8	#	10^{-308}～10^{308}
货币型	Currency	8	@	-9.22E+14～9.22E+14
字节型	Byte	1		0～255
字符串型	String	字符串长度	$	0～65 535 个字符
逻辑型	Boolean	2		True 或 False
日期型	Date	8		0100/1/1～9999/12/31
对象型	Object	4		任何对象的引用
变体型	Variant	字符串长度		可存放任何类型的数据

任务 2　认识变量

任务描述

将变量 i 和 j 分别定义成自动变量和静态变量，单击窗体，查看两者的区别。

任务要求

一个变量要有变量名、变量类型和变量值。通过例题，学习变量的不同定义方式，并注意其不同的作用。

任务操作要点

（1）打开代码窗口，编写事件和代码如下：

```
Private Sub Form_Click()
   Dim i As Integer
   Static j As Integer
   i=i+1
   j=j+1
   Print "第" & j & "次单击，结果为：" 
   Print "i= "; i, "j= "; j
End Sub
```

（2）运行工程，运行效果如图 3-2 所示。

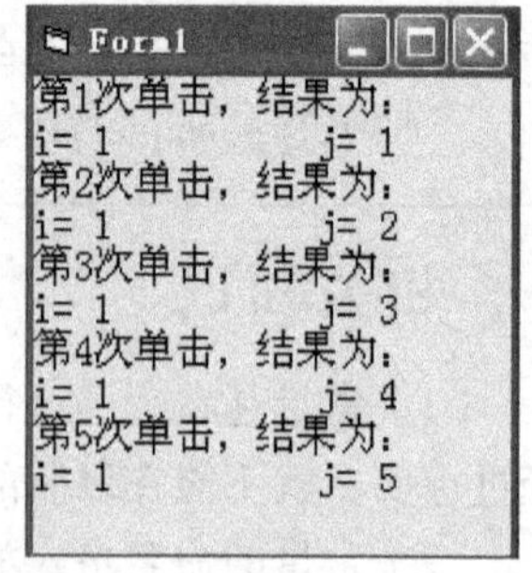

图 3-2　变量定义的区别

相关知识

变量就是在程序运行过程中，其值可以改变的量。每个变量都有一个名字和相应的数据类型，程序通过变量名引用一个变量。

（1）变量的命名规则如下：

① 变量名只能由字母、数字和下画线组成。

② 变量名的第一个字符不能是数字。

③ 变量名的长度不能超过 255 个字符。

④ 不能使用 Visual Basic 中的关键字作为变量名。

（2）变量的类型和定义。每个变量都有相应的数据类型，包括基本数据类型和用户自定义的数据类型。可以在定义变量时指定其类型。格式如下：

```
Dim[Static 或 Public 或 Private 或 Declare]  变量名 [As 类型]
```

说明：

① 类型有：Static（静态）、Public（公共）、Private（私有）和 Declare（声明），其中 Declare 与 Dim（定义）通用。

② 通常把 Static 定义的变量称为静态变量，在没有退出程序的情况下，使用 Static 定义的变量在每次引用后，其值会继续保留，作为下一次引用该变量的初始值。

③ 一条 Dim 语句可以定义多个变量，用逗号隔开。

```
Dim 变量名 1,变量名 2,变量名 3,…[As 类型]
```

④ 通常把 Dim 定义的变量称为自动变量，在没有退出程序的情况下，使用 Dim 定义的变量其赋值会取消，下次再使用变量，其值为初始值。

⑤ 类型如果被省略，默认为 Variant（变体型）。

任务 3　认识算术表达式

任务描述

在窗体上添加一个命令按钮，单击该按钮后，查看表达式的返回值，效果如图 3-3 所示。

任务要求

正确写出算术运算表达式，理解算术运算。

任务操作要点

(1) 在窗体上添加一个按钮，修改其属性 Caption 为“算术表达式”，Font 属性为“小四”。

(2) 打开代码窗口，编写事件代码如下：

```
Private Sub Command1_Click()
 Print 8+3
 Print 8-3
 Print 8*3
 Print 8/3
 Print 8\3
 Print 8 Mod 3
 Print 8^3
End Sub
```

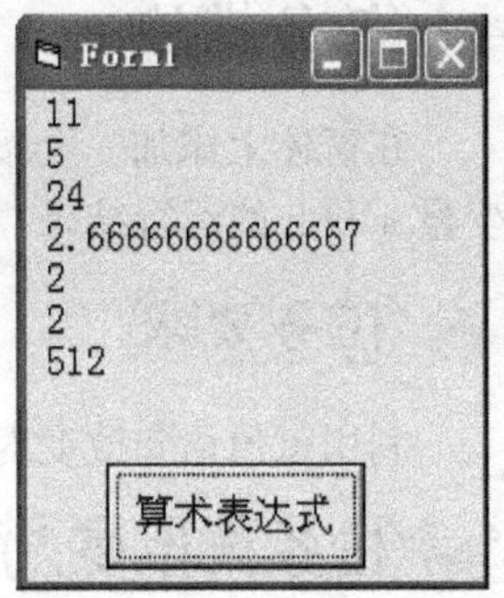

图 3-3 算术表达式

(3) 运行工程。

提 示

(1) 理解算术运算的运算顺序。

(2) 使用除法时，要注意除数不能为 0。

相关知识

(1) 算术运算符是指用来进行数学计算的运算符，它所连接的内容可以是常量、变量或表达式，如表 3-2 所示。

表 3-2 算术运算符

运 算 名 称	运 算 符	功 能
幂	^	指数运算
取负值	–	取负值
乘法	*	乘法运算
浮点除法	/	除法运算
整除	\	整除运算
取模	Mod	求模运算
加法	+	加法运算
减法	–	减法运算

(2) 许多算术表达式都是运算的组合，Visual Basic 的算术运算的先后顺序从高到低是：指数运算→负数运算→乘法和除法运算→整除运算→求模运算→加法和减法。

(3) 整除运算结果是求商。而求模运算结果是余数。

任务 4　认识赋值语句

任务描述

在窗体上添加一个按钮，单击按钮后，窗体的标题和背景颜色发生变化，并在窗体上输出变量 a 和 b 的运行结果。

任务要求

利用赋值语句改变对象 Form1 的部分属性和变量 a 与 b 的值。

任务操作要点

（1）在窗体上添加一个按钮，设置其 Caption 属性是“赋值语句应用”，Font 属性是“小四”。

（2）打开代码窗口，编写事件代码如下：

```
Private Sub Command1_Click()
  Dim a As Integer, b As Integer
  a=0
  b=0
  Form1.Caption="赋值语句应用"
  Form1.FontSize=16
  Form1.BackColor=QBColor(10)
  a=a+8
  b=a+b
  a=a+b
  Print a
  Print b
End Sub
```

（3）运行工程，运行效果如图 3-4 所示。

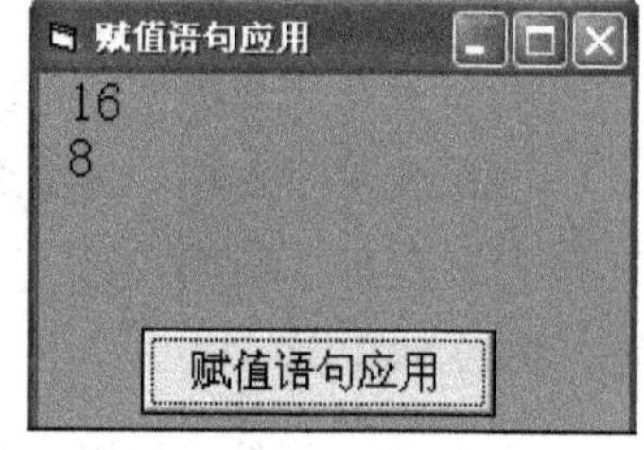

图 3-4　赋值语句的应用

提 示

在本工程中共使用了 8 次赋值语句。变量 a 和 b 的初始值都是 0，但是不能写成 a=b=0。

相关知识

赋值语句：可以在程序运行过程中改变对象的属性或是变量的值。

赋值语句格式：

变量名 | [对象名.] 属性名=表达式

说明：

① 将“=”右边的表达式的值赋给左边的变量或是对象属性。

② 不能在同一条语句中给多个变量赋值。

③ 赋值号两边的数据类型一般应保持一致。

④ 赋值运算的优先级最低。

3.2　数 据 输 出

任务 1　调用窗体的 Print 方法

任务描述

当单击窗体时，利用 Print 方法在窗体上输出表达式的不同显示格式；当双击窗体时，清除所有的输出项。

任务要求

掌握 Print 方法的输出形式。

任务操作要点

（1）将窗体的 Font 属性中的字体大小设置为小四。

（2）打开代码窗口，编写事件代码如下：

```
Private Sub Form_Click()
  Print 7, 8, 9
  Print 7; 8; 9
  Print 7; 8; 9;
  Print "abc"
  Print "abc" & "def", "abc" + "def"
  Print
  Print 7+8+9, 1+2+3
End Sub
Private Sub Form_DblClick()
  Cls
End Sub
```

（3）运行工程，运行效果如图 3-5 所示。

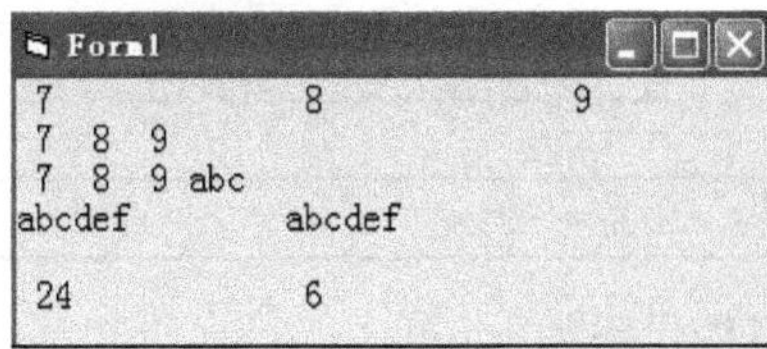

图 3-5　Print 方法的输出

提 示

（1）在双击窗体的事件中用到了 Cls 方法，它可以清除由 Print 方法显示的文本。

（2）字符串连接运算包括“+”和“&”。

相关知识

Print 方法用于在窗体上显示输出的内容。

该方法的格式如下：

对象名. print[表达式]

说明：

① 对象名可以是窗体、立即窗口和图片框。缺省时为当前窗体。

② 表达式可以是数值表达式或字符串表达式，缺省时输出一行空格。

③ 输出多个表达式时，各表达式之间用分隔符（逗号、分号或空格）隔开。

④ Print 方法具有计算和输出双重功能，对于表达式，先计算后输出。

⑤ 每执行一次 Print 方法要自动换行，若想在同一行显示，则在末尾加分号。

任务 2 调用图片框的 Print 方法

任务描述

在图片框的适当位置上打印出字符串。

任务要求

在图片框中导入一张图片，根据图片效果在适当的位置上用 Print 方法输出相应的字符。

任务操作要点

（1）在窗体上添加一个图片框和两个按钮。按照表 3-3 所示设置各控件属性。

表 3-3 属性设置

控件名称	属　性	属　性　值
Picture1	名称	P1
	Font	粗体，小四
	ForeColor	&H00800080&
	Picture	C:\Program Files\Microsoft Visual Studio\Common\Graphics\Metafile\Arrows\2DARROW2.bmp
Command1	Caption	确定
	Font	小四
Command2	Caption	清除
	Font	小四

（2）打开代码窗口，编写事件代码如下：

```
Private Sub Command1_Click()
  P1.Print
  P1.Print Tab(14); "你好"
  P1.FontUnderline=True
  P1.Print
  P1.Print Space$(4); "欢迎学习奇妙的Vb语言"
  P1.Print
  P1.Print
  P1.FontStrikethru=True
  P1.Print Spc (3); "欢迎学习"; Spc (2); "奇妙的VB语言"
```

```
End Sub

Private Sub Command2_Click()
  P1.Cls
End Sub
```

（3）运行工程，运行效果如图 3-6 所示。

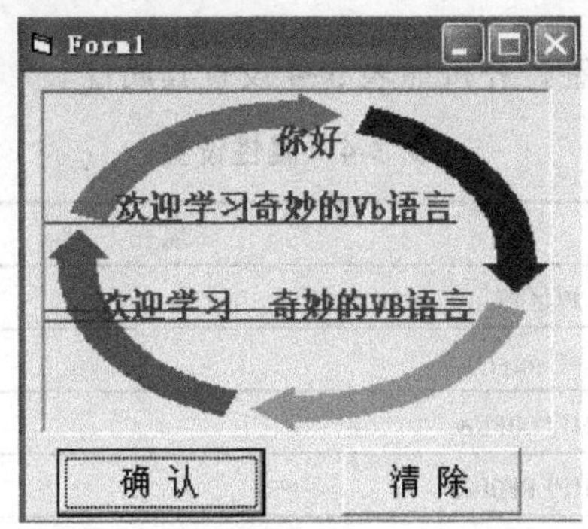

图 3-6　图片框的 Print 方法输出

提 示

文字的属性设置。本案例中：

P1.FontUnderline=True 的作用是对该语句以后输出的文字设置下画线效果。

P1.FontStrikethru=True 的作用是对该语句以后输出的文字设置删除线效果。

在本案例中，最后一行的输出文字上既有下画线效果又有删除线效果。

相关知识

（1）图片的 Print 方法和窗体的 Print 方法的作用及效果一样。

（2）与 Print 方法相关的函数有 Tab、Space 和 Spc。

① Tab 函数的格式：`Tab(n)`

说明：将光标移动到 n 列，从 n 列输出信息。若一个 Print 方法用到多个 Tab 函数，则用分号隔开。

② Space$函数的格式：`Space$(n)`

说明：相当于按下 n 次空格。

③ Spc 函数的格式：`Spc(n)`

说明：跳过 n 个空格后输出字符。

任务 3　使用标签的方法

任务描述

触发标签的单击和双击事件，制作一个简单的变色动画效果。当鼠标从窗体其他区域移动到标签时鼠标指针发生变化，若单击，则改变标签的前景色和背景色，若双击，则返回标签的初始设置。

学会标签的使用。

任务操作要点

（1）在窗体上添加一个标签，并按照表 3-4 设置其属性。

表 3-4 属性设置

控件名称	属 性	属 性 值
Label1	Caption	动画区域
	Aligment	2 -Center
	BackColor	&HFF00FF&
	Forecolor	&HFFFF00&
	Font	粗体，小四
	MouseIcon	C:\Program Files\Microsoft Visual Studio\Common\Graphics\Icons\Arrows\POINT10.ico
	MousePoint	99-custom

（2）打开代码窗口，编写事件代码如下：

```
Private Sub Label1_Click()
  Label1.ForeColor=vbRed
  Label1.BackColor=vbBlue
End Sub

Private Sub Label1_DblClick()
  Label1.ForeColor=&HFFFF00&
  Label1.BackColor=&HFF00FF&
End Sub
```

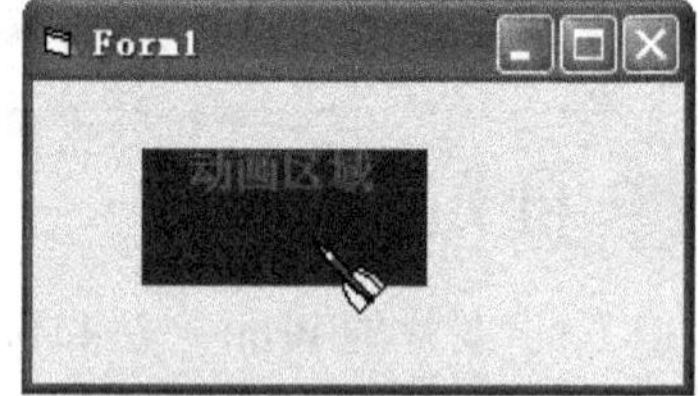

图 3-7 使用标签的方法

（3）运行工程，运行效果如图 3-7 所示。

提 示

前景色和背景色的设置方法。

（1）RGB 函数格式：`RGB(红色,绿色,蓝色)`

说明：红色、绿色和蓝色是指其各自均在 0～255 之间的任意整数。

（2）QBColor 函数格式：`QBColor(color)`

说明：color 是一个在 0 ~ 15 之间的任意整数。

（3）用颜色常数来设定颜色。例如：Vbred（红色）、Vbblue（蓝色）、Vbyellow（黄色） 和 Vbgreen（绿色）。

（4）用颜色值设定颜色。例如：&HFF&（红色）、&HFFFF&（黄色）、&HFF00&（绿色）和&H00000000&（黑色）。

相关知识

标签控件（Label）是 Visual Basic 中经常使用的控件，它常用来实现显示、输出等功能。

（1）MouseIcon 属性：指鼠标在此控件上移动时光标的显示形式。

（2）MousePoint 属性：默认是 0—Default，若设置成 99，则表明使用用户指定的图形作为鼠标光标。

任务 4　使用 MsgBox 的方法

任务描述

在进行计算机操作时经常会出现提示框。本案例将制作文件删除时出现的提示框和当文件或文件夹重命名时出现的提示框。

任务要求

单击按钮，使用 MsgBox 函数弹出相应的提示框。

任务操作要点

（1）在窗体上添加两个按钮，分别将其 Caption 属性设置为“文件删除的提示框”，“重命名的提示框”。设计界面如图 3-8 所示。

（2）打开代码窗口，编写事件代码如下：

```
Private Sub Command1_Click()
   x=MsgBox("确认要把该文件"+vbNewLine+"放入回收站吗？", 4+64,"确认文件删除")
End Sub

Private Sub Command2_Click()
   y=MsgBox("无法重命名与现有文件重名，请指定另一文件名",16,"重命名文件或文件夹出错")
End Sub
```

（3）运行工程，运行效果如图 3-9 和图 3-10 所示。

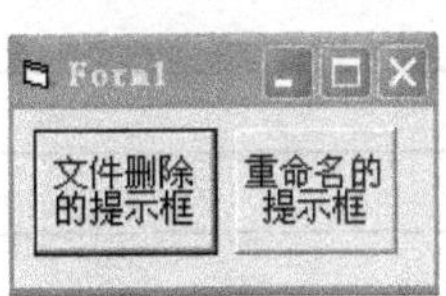

图 3-8　界面设计

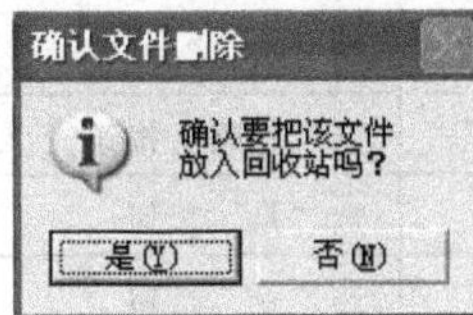

图 3-9　运行界面一

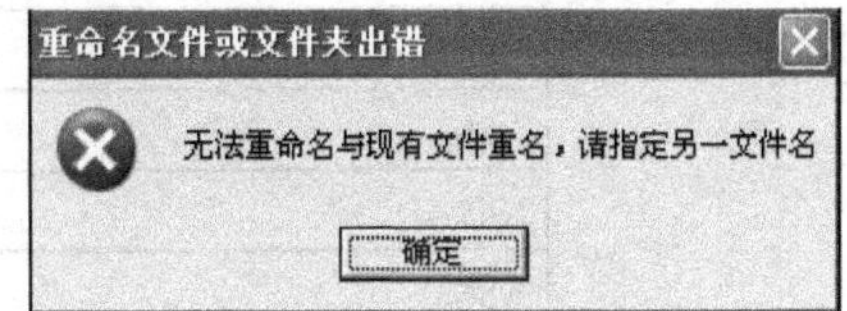

图 3-10　运行界面二

提 示

（1）本案例中，MsgBox 函数返回一个整数值。将返回的整数值分别赋给变量 x 和 y。

（2）本案例中，MsgBox 函数

x=MsgBox("确认要把该文件"+vbNewLine+"放入回收站吗？", 4+64, "确认文件删除")

可以改写成：x=MsgBox("确认要把该文件"+vbNewLine+"放入回收站吗？", vbYesNo+vbInformation, "确认文件删除")

相关知识

MsgBox 函数的功能及其格式如下：

函数功能：该函数用来在对话框中显示消息，等待用户单击按钮。并返回一个反映用户所选按钮的整数值。

函数格式：

```
MsgBox("显示内容"[,按钮] [,"标题"])
```

说明：

显示内容是指对话框上的提示性语句，此语句最多为 1024 个字符。若要分行显示，则使用 vbNewLine 分行显示。

按钮是指对话框中的按钮数目、样式和图标样式，是可选项。若省略，则默认为 0 。按钮参数取值如表 3-5 所示。

表 3-5　按钮参数值

控件名称	常　　量	值	描　　述
命令按钮类型	vbOkOnly	0	只显示“确定”按钮
	vbOkCancel	1	显示“确定”和"取消"按钮
	vbAbortRetryIgnore	2	显示“终止”、“重试”和“忽略”按钮
	vbYesNoCancel	3	显示“是”、“否”和“取消”按钮
	vbYesNo	4	显示“是”和“否”按钮
	vbRetryCancal	5	显示“重试”和“取消”按钮
图标样式	vbCritical	16	危险图标
	vbQuestion	32	问号图标
	vbExclamation	48	警告图标
	vbInformation	64	信息图标
返回结果	vbOk	1	选“确定”按钮
	vbCancel	2	选“取消”按钮
	vbAort	3	选“终止”按钮
	vbRetry	4	选“重试”按钮
	vbIgnore	5	选“忽略”按钮
	vbYes	6	选“是”按钮
	vbNo	7	选“否”按钮

标题是指输出对话框标题栏的标题，若省略，则将应用程序名放在标题栏中。

3.3 数据输入

任务 1　调用文本框的方法

任务描述

编程实现密码输入。从键盘输入字母 A 后，则在文本框中显示“*”，单击“确定”按钮，则弹出“欢迎你的光临”提示框。

任务要求

（1）不论从键盘上输入什么，在文本框中都显示“*”号。

（2）当鼠标指针移动到文本框内，则鼠标指针下方显示“注意大小写”提示信息。

任务操作要点

（1）在窗体上添加一个文本框和一个按钮，其属性设置如表 3-6 所示。

表 3-6　属性设置

控 件 名 称	属　　性	属 性 值
Text1	Text	空
	Aligment	2-center
	MaxLength	8
	PassWordChar	*
	ToolLipText	注意大小写
Command1	Caption	确定
	Font	小四

（2）打开代码窗口，编写事件和代码如下：

```
Private Sub Command1_Click()
  If Text1.Text="A" Then
    MsgBox "欢迎你的光临", , "提示框"
  End If
End Sub
```

（3）运行工程。输入正确后运行效果如图 3-11 和图 3-12 所示。

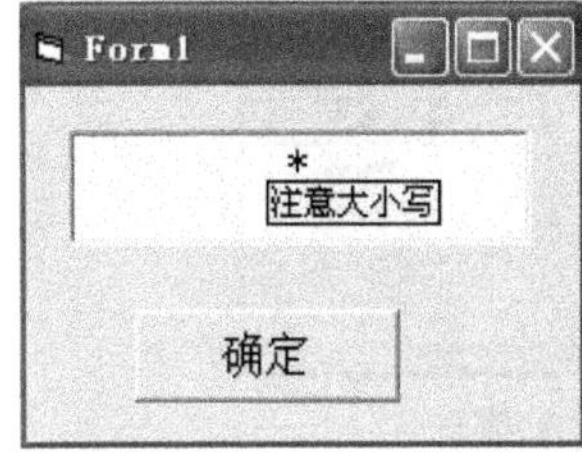

图 3-11　文本框输入

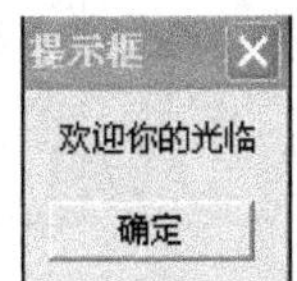

图 3-12　MsgBox 提示框

提　示

提示框使用 MsgBox 函数完成，其中省略了按钮选项。

相关知识

文本框的几个重要属性。

（1）Aligment 属性：用于设置文本框中文本的显示位置。

（2）PassWordChar 属性：用于指定文本框中输入字符的显示标志，一般用于口令输入。本案例中，Text1 的属性 PassWordChar 的值为“*”号。

（3）ToolLipText 属性：用于指定一个工具提示文本。在程序运行时鼠标放在文本框上会在鼠标下方显示出此提示文本。本案例中，Text1 的属性 ToolLipText 的值为“注意大小写”。

任务 2　InputBox 函数的使用方法

任务描述

设计一个密码保护的输入对话框。当程序运行后，即先后出现用 InputBox 函数弹出的“请输入密码保护的提示性问题”及“请输入提示性问题的答案”两个输入对话框，然后在 MsgBox 对话框中显示出来以便用户确认。

任务要求

使用 InputBox 函数输入数据。

任务操作要点

（1）打开代码窗口，编写事件代码如下：

```
Private Sub Form_Load()
  Dim x As String
  Dim y As String
  x=InputBox("请输入密码保护的提示性问题", "问题输入框")
  y=InputBox("请输入提示性问题的答案", "答案输入框", "***")
  MsgBox"您的密码保护提醒问题为: "+x+vbNewLine+"您的答案为: "+y,4+64,"确认信息"
End Sub
```

（2）运行工程，运行效果如图 3-13 至图 3-15 所示。

图 3-13　提示性问题的输入

图 3-14　提示性问题答案的输入

图 3-15　确认信息提示框

提 示

必须将 InputBox 函数的值赋给变量。

相关知识

InputBox 函数是输入对话框，用户可以在其中输入信息，并且返回输入的内容。其格式为：

```
InputBox("显示内容" [,"标题"][,默认值])
```

说明：

① 显示内容是指窗体上的提示信息部分，最大长度为 1 024 个字符。

② 标题是指显示标题栏里的文本。

③ 默认值是指窗体文本框里显示的默认值。

3.4　拓 展 练 习

任务 1　强化文本框的输入

任务描述

制作一个信息交换程序。在两个文本框中分别输入相关信息，单击按钮后实现内容的交换。

任务要求

学会利用文本框输入。

任务操作要点

（1）在窗体上添加两个文本框和一个按钮，按照表 3-7 设置属性。

表 3-7　属性设置

控件名称	属　　性	属　性　值
Text1	Text	空
	Font	小四
	MultiLine	True
Text2	Text	空
	Font	小四
	MultiLine	True
Command1	Caption	交换信息
	Font	小四

（2）打开代码窗口，编写事件代码如下：

```
Private Sub Command1_Click()
  t=Text1.Text
  Text1.Text=Text2.Text
  Text2.Text=t
End Sub
```

（3）运行工程，运行效果如图 3-16 和图 3-17 所示。

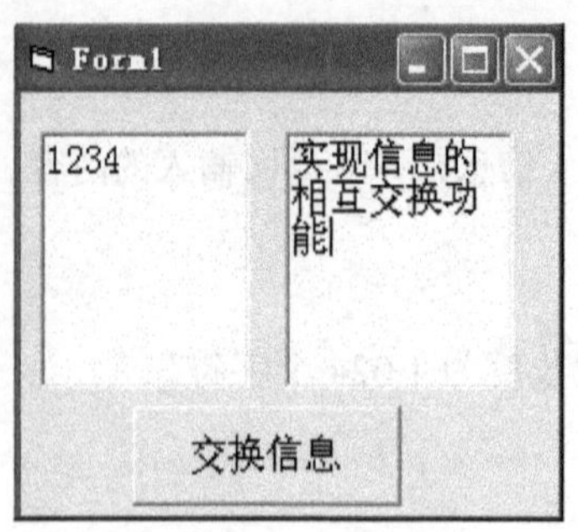

图 3-16 输入初始值

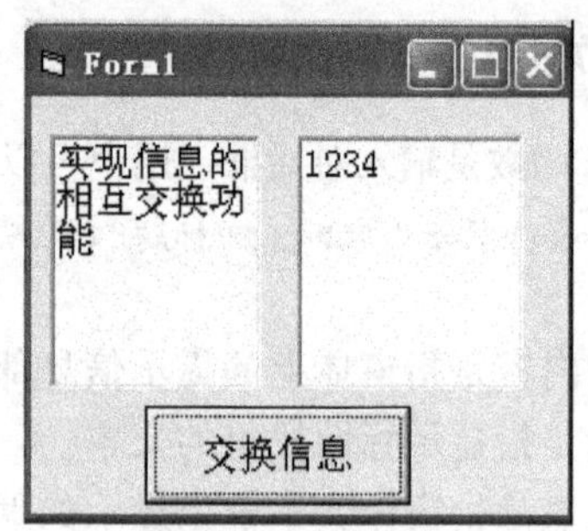

图 3-17 交换结果显示

提 示

如果要交换两个变量的值，必须有一个中间变量才能实现交换。

任务 2 模拟制作提示框

任务描述

使用画图工具时，如果没有保存，直接关闭，会弹出提示性对话框。模仿制作该对话框。

任务要求

单击窗体，使用 MsgBox 语句弹出符合条件的对话框。

任务操作要点

（1）打开代码窗口，编写事件代码如下：

```
Private Sub Form_Click()
  MsgBox "将改动保存到 未命名？", 3+48, "画图"
End Sub
```

（2）运行工程。运行效果如图 3-18 所示。

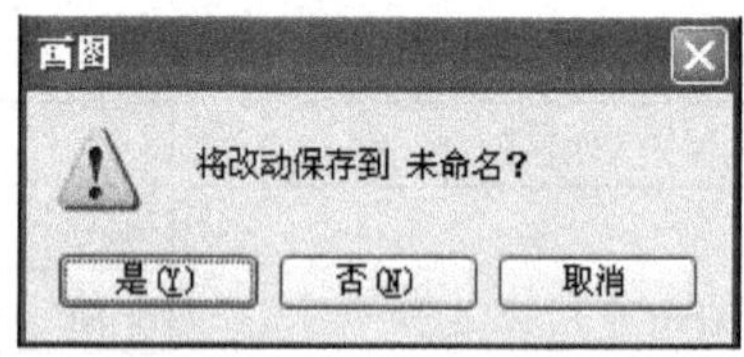

图 3-18 提示对话框

提 示

（1）本案例中使用了 MsgBox 语句，而不是函数，因此，没有返回值。

（2）在“MsgBox "将改动保存到 未命名？", 3+48, "画图"”语句中，3 表示弹出对话框的按钮数目。

任务 3 制作标签上的提示性信息

任务描述

利用 InputBox 函数进行输入，即在运行工程时弹出一个输入对话框。

任务要求

要求输入当前用户的姓名，在输入对话框中，单击“确定”按钮后，在标签上显示提示信息。

任务操作要点

（1）在窗体上添加一个标签，属性设置自定。

（2）打开代码窗口，编写事件代码如下：

```
Private Sub Form_Load()
  m=InputBox("请输入你的姓名，一定要仔细输入", "试一试")
  Label1.Caption=m+"，你是一个天才少年"
End Sub
```

（3）运行工程。运行效果如图 3-19 和图 3-20 所示。

图 3-19　输入姓名

图 3-20　结果显示

提 示

（1）当用户输入信息后，单击“确定”按钮，则 m = InputBox("请输入你的姓名，一定要仔细输入", "试一试")语句会将用户输入的内容送给字符串型变量 m。

（2）如果单击“取消”按钮，则应用程序将取消用户的输入，相当于用户没做任何输入，返回一个长度为 0 的空字符串。

任务 4　窗体方法的使用

任务描述

单击窗体 1 中的按钮，进入窗体 2，再单击窗体 2 中的按钮可以返回窗体 1。

任务要求

利用 Show 方法和 Hide 方法完成两个窗体之间的切换。

任务操作要点

（1）在窗体 1 中添加一个标签和一个按钮，在菜单栏中，单击下拉按钮，添加窗体 2，并在窗体 2 中也添加一个标签和一个按钮。属性设置如表 3-8 所示。

表 3-8　属性设置

窗　体	控件名称	属　性	属　性　值
Form1 的控件属性设置	Label1	Caption	欢迎进入奇妙的 VB 世界
		Backstyle	0-Tran
		Font	粗体、小四
		ForeColor	&H008080FF&
	Command1	Caption	下一页
		Font	小四
Form2 的控件属性设置	Label1	Caption	谢谢你的参与
		ForeColor	&H00C000C0&
		Font	粗体、小四
	Command1	Caption	返回
		Font	小四

（2）打开代码窗口，编写事件代码如下：

```
'Form1 的事件代码如下:
Private Sub Command1_Click()
  MsgBox "可以进入下一页的设计中", , "提示框"
  Form2.Show
  Form1.Hide
End Sub
'Form2 的事件代码如下:
Private Sub Command1_Click()
  Form2.Hide
  Form1.Show
End Sub
```

（3）运行工程。

提　示

工程中使用了两个窗体，在图 3-21 所示的工程资源管理器中一定要确认是否已经添加了相应的窗体。

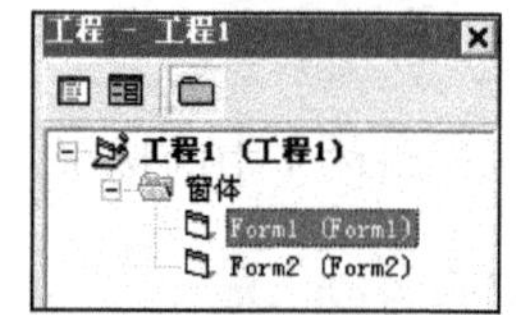

图 3-21　工程资源管理器

相关知识

（1）Show 方法的格式：窗体名.Show

说明：显示指定的窗体。

（2）Hide 方法的格式：窗体名.Hide

说明：隐藏指定的窗体。

思考与练习

（1）根据下列代码，制作窗体界面，然后执行，并显示输出其结果。

```
Private Sub Form_Click()
  Dim a As Integer, b As Integer
  a=0
  b=10
  Form1.Caption="赋值语句应用"
  Form1.FontSize=16
  Form1.BackColor=QBColor(10)
  a=a+5
  b=b+5
  Print a,b
  Print b;a;
  Print a+b
End Sub
```

（2）编写程序，单击窗体 1 中的 Command 按钮，进入窗体 2，当单击窗体 2 的 Command 按钮时，弹出 MsgBox 对话框，单击“确定”按钮，可以返回窗体 1，窗体 2 效果如图 3-22 所示。

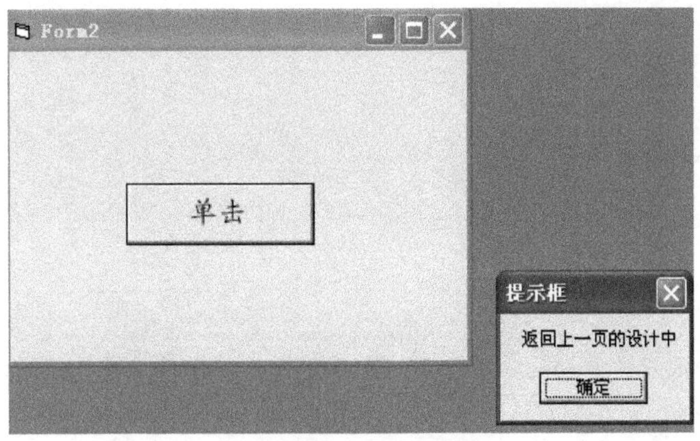

图 3-22　窗体 2 的效果图

（3）利用 InputBox 函数进行输入。即运行工程时弹出一个输入对话框。要求输入当前用户姓名，在输入对话框中，单击“确定”按钮后，在文本框上有信息提示，如图 3-23 和图 3-24 所示。

图 3-23　InputBox 函数的效果图

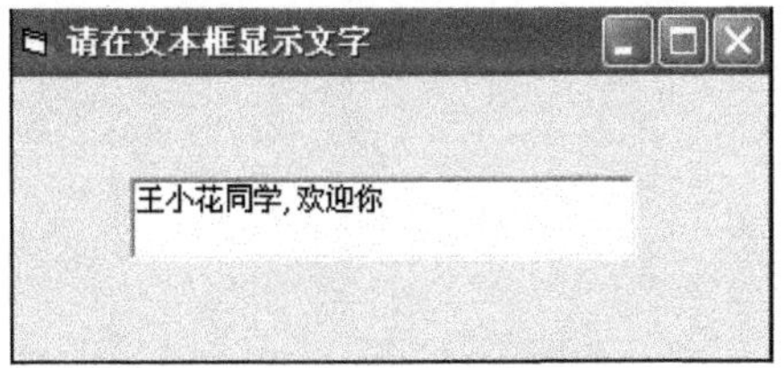

图 3-24　窗体文本框的效果图

（4）触发标签的单击和双击事件制作一个简单的变色动画效果。若双击，则改变标签的前景色，若单击，则改变标签的背景色。前景色和背景色自定，如图 3-25 所示。

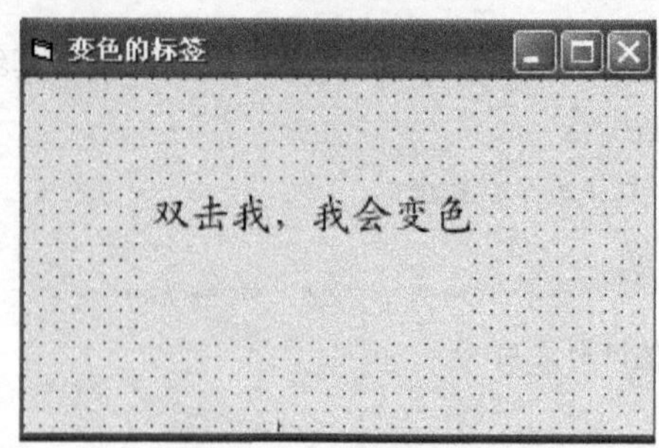

图 3-25　窗体的式样

第4章 Visual Basic 结构化程序设计

4.1 关系表达式和逻辑表达式

实际应用中，常常根据不同条件来处理不同的情况。即根据所给定的条件是成立（True）或是不成立（False），然后，执行不同分支的操作。

任务1 认识关系表达式

任务描述

在窗体上添加一个命令按钮，单击该按钮后，显示表达式的返回值，如图 4-1 所示。

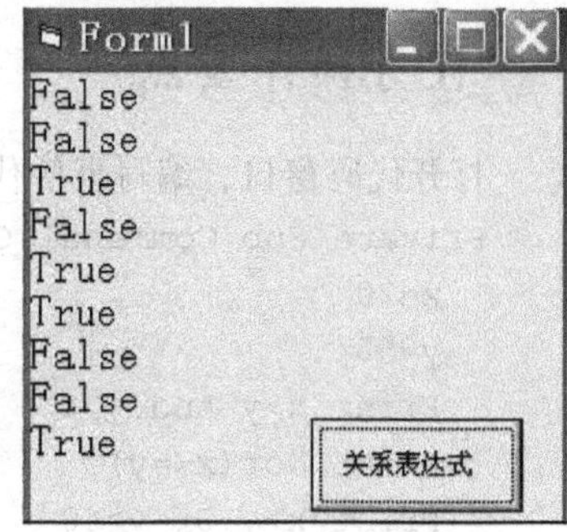

图 4-1 关系表达式

任务要求

正确写出关系表达式，理解关系运算。

任务操作要点

打开代码窗口，编写事件代码如下：

```
Private Sub Command1_Click()
  x=2
  y=4
  z=5
  Print 3>=8
  Print 10+12<16
  Print 4*6=11+13
  Print x*x-4*y*z>=0
  Print z+y<>x+y
  Print "y"<"z"
  Print "a">"c"
  Print "nihao">"ninhao"
  Print "ni"<"nin"
End Sub
```

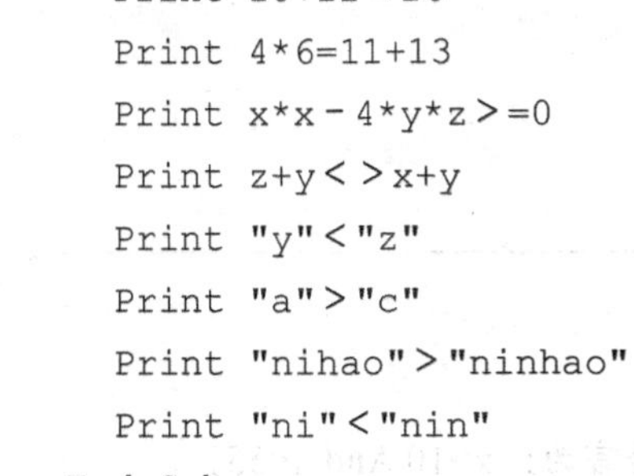

提 示

在关系表达式中，必须保证关系运算符两边运算量的数据类型一致。

相关知识

（1）关系运算符用来比较两个运算量之间的关系。关系运算符包括<（小于）、<=（小于等于）、>（大于）、>=（大于等于）、=（等于）、<>（不等于）。

（2）关系表达式是用关系运算符将两个运算量连接起来的式子。它用来比较两个运算量之间的关系，其返回值是一个逻辑常量。条件成立时值为 True，否则为 False。运算量可以是数字表达式或者字符串表达式。

（3）比较的规则：若是数字表达式的比较则先计算出表达式的值，然后按照数值量的大小进行比较。若是字符串表达式则按照字符的 ASCII 码的大小，从左到右依次比较。

任务 2　认识逻辑表达式

任务描述

在窗体上添加一个命令按钮，单击该按钮后，显示表达式的返回值，如图 4-2 所示。

任务要求

正确写出逻辑表达式，理解逻辑运算。

任务操作要点

打开代码窗口，编写事件代码如下：

```
Private Sub Command1_Click()
  x=20
  y=55
  Print x>y And y>40
  Print Not(x<=y)
  Print x>y Or y>40
  Print "a"<"b" And "x"<"y"
  Print x>10 And x<55
  Print x<=30 Or x>y
  Print y<80 Xor y>100
  Print x>y Or x<y And x=y
End Sub
```

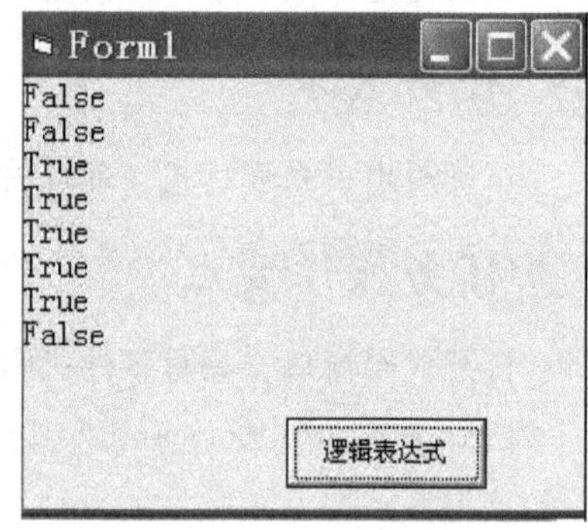

图 4-2　逻辑表达式

提　示

如何使用 Visual Basic 语言表达数学问题。

例 1:

如果数学表达式为：$10 < x < 55$ ，则 Visual Basic 语言为：x>10 And x<55。

例 2:

某个数不在 10 ~ 55 之间。

Visual Basic 语言为：x < 10 OR x > 55 或者 NOT(x>10 And x<55)。

相关知识

（1）逻辑运算符有 Not（逻辑非）、And（逻辑与）、Or（逻辑或）、Xor（逻辑异或）、Eqv（逻辑等于）和 Imp（逻辑蕴含）。

（2）逻辑表达式是指用逻辑运算符将多个关系表达式或逻辑量连接起来的式子，其返回值为逻辑常量。

（3）运算规则：逻辑表达式按照一定的次序进行运算：先计算算术运算，再进行比较运算，最后为逻辑运算。

（4）逻辑运算符的优先级不同，从高到低依次为：Not（逻辑非）、And（逻辑与）、Or（逻辑或）、Xor（逻辑异或）、Eqv（逻辑等于）、Imp（逻辑蕴含）。如果希望优先级较低的先处理，应该使用括号运算符。

4.2　选择结构语句

任务 1　认识单分支语句

任务描述

当单击窗体时，在单分支语句的控制下，窗体能够不断变大直至达到所设定的最大限度。

任务要求

正确写出单分支语句的格式，并使用该语句编写应用程序。

任务操作要点

打开代码窗口，编写事件代码如下：

```
Private Sub Form_Click()
   If Form1.Height<=10000 Then Form1.Height=Form1.Height+700
   If Form1.Width<=13000 Then
      Form1.Width=Form1.Width+700
   End If
End Sub
```

提　示

（1）本任务中窗体高的最大值是 10 000，窗体宽的最大值是 13 000。

（2）If<条件>then<语句组>的格式中没有 End If 语句。

相关知识

1. 单分支语句的两种不同格式

① 格式一：

```
If<条件>then<语句组>
```

② 格式二：

```
If<条件>then
  <语句组>
End if
```

2. 说明

① 条件可以是关系表达式、逻辑表达式或算术表达式。

② 若条件为 True，执行语句组，否则，不执行任何操作。

③ 语句组可以是单个语句，也可以是用冒号分开的多个语句，但必须写在同一行上。

④ 单分支流程图如图 4-3 所示。

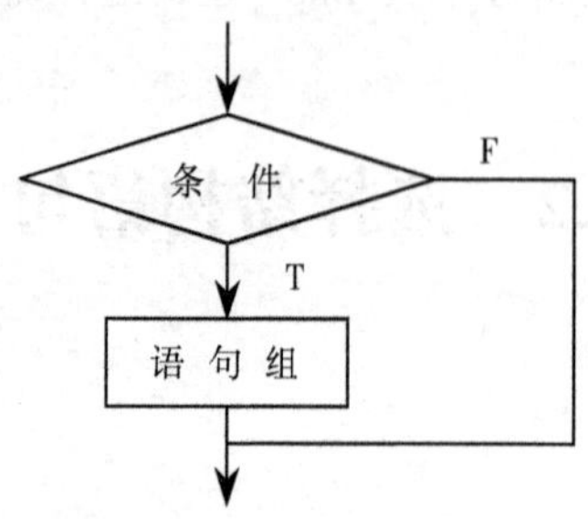

图 4-3　单分支流程图

任务 2　认识双分支语句

任务描述

（1）模拟制作 QQ 界面，如图 4-4 所示。

图 4-4　QQ 界面设计

（2）当用户输入正确的用户名和密码时，直接进入 Form2。

（3）当用户输入的密码和用户名不正确时，则弹出提示对话框。

任务要求

正确写出双分支语句的格式，并理解该语句在程序中的作用，从而学会编写应用程序。

任务操作要点

（1）在窗体上添加上 6 个标签、5 个图片框、2 个组合框、1 个文本框、2 个复选框和 2 个按钮。界面设计见图 4-4。

（2）控件属性设置如表 4-1 所示。

表 4-1　属性设置

控件名称	属　性	属性值
Form1	Icon	导入图片
	Caption	QQ2009 正式版
Label1	Caption	QQ2009
	Font	华文新魏
		粗体
		二号
Label2	Caption	账号：
Label3	Caption	密码：
Label4	Caption	注册新账号
Label5	Caption	取回密码
Label6	Caption	状态：
Picture1	Picture	导入图片
Picture2	BackColor	&H00FFFF80&
Picture3	BackColor	&H00FFFF00&
Picture4	Picture	导入图片
Picture5	Picture	导入图片
Combo1	Text	请输入 QQ 号码
Combo2	List	我在线上 忙碌 隐身
Text1	Text	空
Check1	Caption	记住密码
	BackColor	&H00FFFF00&
Check2	Caption	自动登录
	BackColor	&H00FFFF00&
Command1	Caption	设置
	BackColor	&H00FFFF80&
	Style	1-Graphical
Command2	Caption	登录
	BackColor	&H00FFFF80&
	Style	1-Graphical

（3）打开代码窗口，编写事件代码如下：

```
Private Sub Command2_Click()
```

```
Q1=Combo1.Text
Q2=Text1.Text
If Q1="88" And Q2="123456" Then
  Form2.Show
  Form1.Hide
Else
  MsgBox "无法进入"+vbNewLine+"账号或密码错误"
End If
End Sub
Private Sub Form_Load()
  Text1.PasswordChar="*"
End Sub
```

（4）运行工程。

提 示

本例中采用了双分支语句，条件为逻辑表达式 Q1 = "88" And Q2 = "123456"，其中，使用了逻辑运算符 And，即 Q1 和 Q2 必须同时满足，条件才成立。

相关知识

1. 双分支语句格式

① 格式一：

```
If<条件> then<语句组 1>  else <语句组 2>
```

② 格式二：

```
If <条件> then
   <语句组 1>
else
  <语句组 2>
End if
```

2. 说明

① 若条件为 True，执行语句组 1，否则，执行语句组 2。

② 结构流程图如图 4-5 所示。

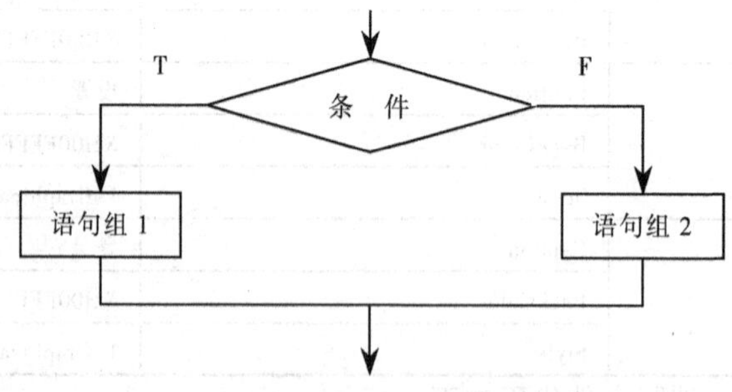

图 4-5 双分支流程图

任务 3 认识多分支语句

任务描述

制作简单的球体运动游戏。在键盘按键的控制下，小球有序运动。使用说明：小键盘 1—左下；小键盘 2—下；小键盘 3—右下；小键盘 4—左；小键盘 5—归位；小键盘 6—右；小键盘 7—左上；小键盘 8—上；小键盘 9—右上。

任务要求

掌握 Select Case 语句的应用，理解多分支语句的作用，能够在应用程序中灵活使用。

任务操作要点

（1）在窗体上添加 1 个图片框和 1 个标签。

（2）控件属性设置如表 4-2 所示。

表 4-2 属性设置

控件名称	属　性	属　性　值
Picture1	BorderStyle	0-None
	Picture	导入小球图片
Label1	Caption	操作说明：小键盘 1—左下；小键盘 2—下；小键盘 3—右下；小键盘 4—左；小键盘 5—归位；小键盘 6—右；小键盘 7—左上；小键盘 8—上；小键盘 9—右上
	BackStyle	0-Tran

（3）打开代码窗口，编写事件代码如下：

```
Private Sub Picture1_KeyDown(KeyCode As Integer, Shift As Integer)
  Select Case KeyCode
    Case 104
      Picture1.Top=Picture1.Top-100
    Case 98
      Picture1.Top=Picture1.Top+100
    Case 100
      Picture1.Left=Picture1.Left-100
    Case 102
      Picture1.Left=Picture1.Left+100
    Case 103
      Picture1.Top=Picture1.Top-100
      Picture1.Left=Picture1.Left-100
    Case 105
      Picture1.Top=Picture1.Top-100
      Picture1.Left=Picture1.Left+100
    Case 97
```

```
        Picture1.Top=Picture1.Top+100
        Picture1.Left=Picture1.Left-100
      Case 99
        Picture1.Top=Picture1.Top+100
        Picture1.Left=Picture1.Left+100
      Case 101
        Picture1.Top=1560
        Picture1.Left=1440
    End Select
  End Sub
```

（4）运行工程。

提 示

（1）KeyCode 的值与键盘 AscII 码的值有区别，它反映的是按键的物理键位，不区分字母的大小写。

（2）注意多分支语句 Select Case 的格式，相对其他多分支语句，Select Case 语句较为简明易懂，此例中将 KeyCode 作为测试值，共有 9 种运动方式。

相关知识

1．Select Case 的语句格式

```
Select Case <测试表达式>
   Case<表达式列表 1>
   <语句组 1>
   Case<表达式列表 2>
   <语句组 2>
   …
   Case<表达式列表 n>
   <语句组 n>
   [Case else
    <语句组 n+1>]
End Select
```

2．说明

（1）测试表达式是数值型或者是字符串型表达式。

（2）测试内容的取值必须与表达式取值类型一致，表达式列表有如下 3 种取值方式：

① <表达式 1>,<表达式 2>,…<表达式 n>

例如：Case 1,2,3　　Case　"a","b"

如果测试表达式的值与上述表达式中的一个相等，则认为测试表达式与该子句匹配。

② <表达式 1> to<表达式 2>

例如：

```
Select Case dj
```

```
    Case 90 To 100
      dj="优"
    Case 80 To 89
      dj="良"
    Case 70 To 79
      dj="中"
    Case 60 To 69
      dj="及格"
    Case 0 To 59
      dj="不及格"
    Case Else
      dj="输入错误"
End Select
```

该格式由表达式 1 和表达式 2 给出一个数据范围，如果测试表达式的值在这个范围内，则认为测试表达式与该子句匹配。

③ is<比较运算符><表达式>

例如：

```
Select Case  x
   Case  is<5000
     x=x*0.8
   Case  5000 to 50000
     x=x*1.2
   Case is>50000
     x=x*1.5
End Select
```

如果测试表达式没有确定的值，就只能用 is 代替测试表达式的值，它与所给表达式进行比较运算，若结果为真，则认为测试表达式与该子句相匹配。

（3）每个 Case 语句出现的次序不影响执行结果。

（4）每个 Case 后面的测试条件必须都不相同，否则会自相矛盾。

（5）执行过程：先计算测试表达式的值，然后与 Case 子句中的表达式进行比较。当测试表达式的值与某个 Case 子句中的表达式值相匹配时，则执行其相对应的语句组，并结束 Select Case 语句。

4.3　条件函数 IIF

任务 1　条件函数 IIF

任务描述

（1）利用文本框随意输入 3 个数，并找出这 3 个数中的最大值。

（2）运行效果如图 4-6 所示。

任务要求

了解 IIf 函数的作用。

任务操作要点

（1）在窗体上添加 4 个标签，4 个文本框和 1 个按钮。

（2）控件属性设置依照图 4-6 所示，修改各控件的标题属性即可。

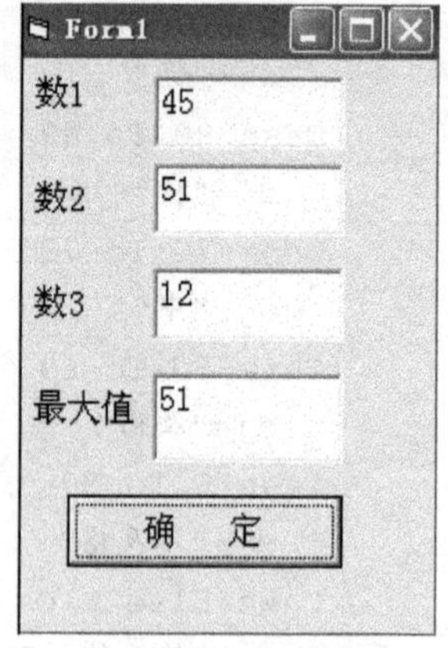

图 4-6 运行效果图

（3）打开代码窗口，编写事件代码如下：

```
Private Sub Command1_Click()
  a=Val(Text1.Text)
  b=Val(Text2.Text)
  c=Val(Text3.Text)
  t=IIf(a>b,a,b)
  Max=IIf(c>t,c,t)
  Text4.Text=Max
End Sub
```

提 示

变量 t 是中间变量，保存数值 1 和数值 2 的最大值。

相关知识

（1）条件函数 IIF 的功能：用来实现简单的选择结构。

（2）条件函数 IIF 的格式：

IIF（<测试表达式>，<真值部分>，<假值部分>）

（3）说明：

根据测试表达式的值，返回真值或是假值。

本案例中，IIf(a > b, a, b)函数的意思是当 a > b 时，输出 a，否则，输出 b。

任务 2 条件函数 IIF 的使用——学生信息的显示

任务描述

利用 MsgBox 弹出对话框显示出某人的性别、政治面貌和基本意向的信息。

任务要求

掌握 IIf 函数的格式，学会实际应用。在此任务中使用单选按钮完成性别、政治面貌和基本意向的二选一。

任务操作要点

（1）在窗体上添加 1 个标签，1 个文本框，3 个框架、6 个单选按钮和 2 个按钮。界面设计如图 4-7 所示。

（2）属性设置按图 4-7 更改各控件的标题属性即可。

（3）打开代码窗口，编写事件代码如下：

```
Private Sub Command1_Click()
  n1=IIf(Option1.Value,"男","女")
  n2=IIf(Option3.Value,"团员","群众")
  n3=IIf(Option5.Value,"升学","就业")
  MsgBox Text1.Text+", "+"性别"+n1+", "+"政治面貌"+n2+", "+"基本意向"+n3,1,"iif _
  的应用"
End Sub

Private Sub Command2_Click()
  Text1.Text=""
  Option1.Value=False
  Option2.Value=False
  Option3.Value=False
  Option4.Value=False
  Option5.Value=False
  Option6.Value=False
End Sub
```

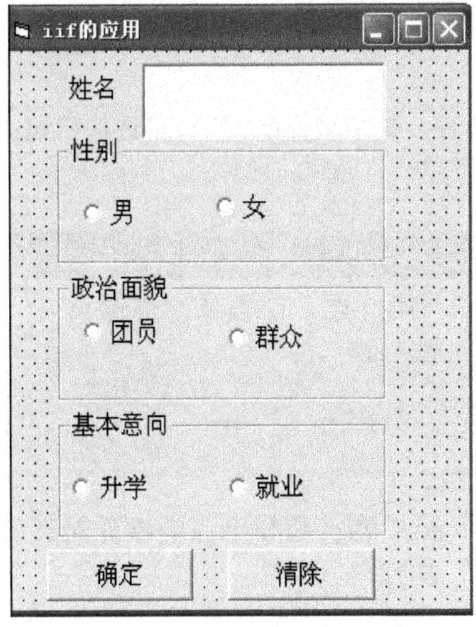

图 4-7　学生信息的设计界面

提 示

（1）IIf(Option1.Value, "男", "女")　函数中的 Option1.Value 是条件判断，如果是真，则选择“男”，如果是假，则选择“女”。使用 IIf 函数可以简化程序。

（2）添加控件时应注意，先放置好框架，然后添加所需的单选按钮。

相关知识

IIF 函数可以理解成“If...Then...Else”的另一种表现形式。

4.4 选择性控件

任务 1 框架控件的使用——简单的网上答题程序

任务描述

（1）制作一个简单的网上答题应用小程序。

（2）当第一题和第二题都回答正确时，单击“确定”按钮，会弹出“恭喜!回答正确.”的提示对话框。

（3）任何一题回答不正确，单击“确定”按钮，都将弹出“回答错误，请重试!”的提示对话框。

任务要求

学会使用框架，并能够掌握框架在案例中的作用。

任务操作要点

（1）在窗体上添加 2 个标签、2 个组合框、4 个单选按钮和 1 个按钮。界面设计如图 4-8 所示。

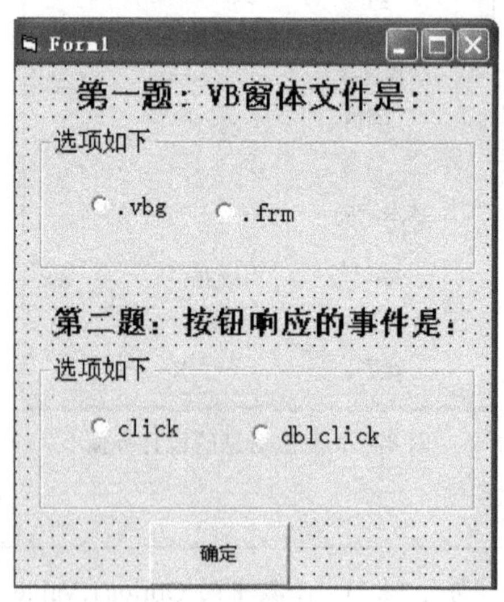

图 4-8　答题案例设计界面

（2）控件属性设置，如表 4-3 所示。

表 4-3　属性设置

控件名称	属性	属性值
Label1	Caption	第一题：VB 窗体文件是：
	Font	黑体、小二
	Backstyle	0-tran
Label2	Caption	第二题：按钮响应的事件是：
	Font	黑体、小二
	Backstyle	0-tran
Frame1	Caption	选项如下
Frame2	Caption	选项如下
Option1	Caption	.vbg
Option2	Caption	.frm
Option3	Caption	click
Option4	Caption	dblclick
Command1	Caption	确定

（3）打开代码窗口，编写事件及代码如下：

```
Private Sub Command1_Click()
   If Option1.Value=True Then
     MsgBox "回答错误,请重试!", 64, "提示"
   ElseIf Option3.Value = True Then
     MsgBox "恭喜!回答正确.", , "提示"
   Else
     MsgBox "回答错误,请重试!", 64, "提示"
   End If
End Sub
```

提 示

（1）如果在窗体设计中使用框架，应先放置好框架，然后将所需的控件放入框架中。

（2）在本任务中，正因为使用了框架，才能够将单选框分成两组进行选择。否则，4 个单选按钮只能选中其中之一。

相关知识

1. 框架的作用

框架可用作其他控件的容器，而且框架控件可以把控件按照功能细分，变成可标识的控件组。在容器中的控件不仅可以随着框架一起移动、显示、消失和屏蔽，而且控件的位置也是根据框架位置设定的。

如果要用框架将已有的控件分组，可选中控件，将它们剪切后粘贴到框架控件中即可。

2. 框架属性

（1）Caption 属性：设置框架上的标题名称。

（2）Enabled 属性：如果设置为 False，表示框架内所有的对象均被屏蔽，不允许用户进行操作。

（3）Index 属性：设置控件在控件组中的成员编号。

（4）Visible 属性：设置框架以及框架内的控件是否可见。True 为可见，False 为不可见。

任务 2 单选按钮的使用——制作小小计算器

任务描述

用单选按钮设计一个能够进行 8 种基本运算的小计算器。

任务要求

熟练应用单选按钮。

任务操作要点

（1）在窗体上添加相应控件并修改其标题属性，界面设计如图 4-9 所示。

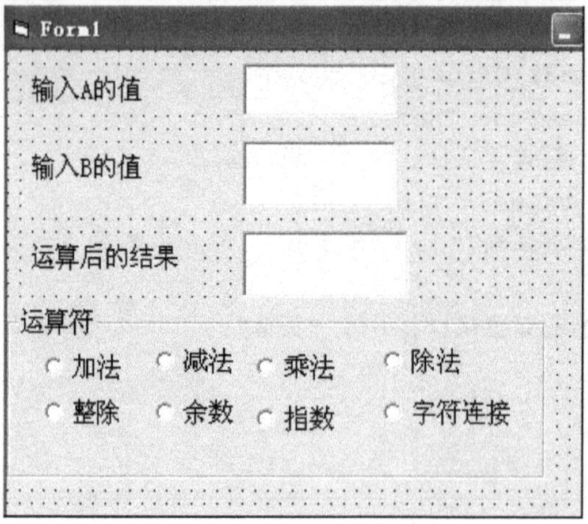

Form1
输入A的值
输入B的值
运算后的结果
运算符
加法 减法 乘法 除法
整除 余数 指数 字符连接

图 4-9 简单计算器设计界面

（2）打开代码窗口，编写事件代码如下：

```
Private Sub Option1_Click()
   Dim A As Single, B As Single
  A=Val(Text1)
  B=Val(Text2)
  Text3.Text=A+B
End Sub
Private Sub Option2_Click()
  Text3.Text=Val(Text1)-Val(Text2)
End Sub
Private Sub Option3_Click()
  Text3.Text=Val(Text1)*Val(Text2)
End Sub
```

```
Private Sub Option4_Click()
  Text3.Text=Val(Text1)/Val(Text2)
End Sub
Private Sub Option5_Click()
  Text3.Text=Val(Text1)\Val(Text2)
End Sub
Private Sub Option6_Click()
  Text3.Text=Val(Text1) Mod Val(Text2)
End Sub
Private Sub Option7_Click()
  Text3.Text=Val(Text1)^Val(Text2)
End Sub
Private Sub Option8_Click()
  Text3.Text=Text1 & Text2
End Sub
```

相关知识

1. 单选按钮的作用

在一些问题上，需要从多个选项中选择一项且不能多选，例如单选题，这时就需要使用单选按钮控件。但单选按钮必须成组出现，任何时候用户只能选择其中的一个选项，它实现的是“单项选择”功能。

2. 单选按钮的主要属性

（1）Caption 属性：设置单选框上的标题名称。

（2）Index 属性：设置控件在控件组中的成员编号。

（3）Alignment 属性：标题的位置。0：Left Just 位于左边，1：Right Just 位于右边位置。

（4）DragMode 属性：选择的模式。1：Automatic 自动默认已选，0：Manual 人工设置。

（5）Value 属性：控件是否选中的标记，默认值为 False。Value=True 表示该按钮被选中，可在代码中设置。

任务 3　复选框的使用——变换的字体样式

任务描述

（1）利用复选框完成对字体的样式设计。

（2）在 Form1 上，选中字体样式里的任意复选框，标签上的文字会发生相应的变化，当取消选取时，文字不随之恢复。

（3）在 Form2 上，设计和 Form1 相同的界面，选中字体样式里的任何一个复选框，标签上的字会随之发生相应变化，但是，如果取消选取，字体能够恢复。

任务要求

对照 Form1 和 Form2 的应用，使学生能够对复选框的设计以及应用有明确的认识。

任务操作要点

（1）添加上相应控件并修改其标题属性，其中标签的 Backstyle 属性设置为“0-tran”，Font 属性设置为“黑体”、“小二”、“红色”。界面设计如图 4-10 所示。

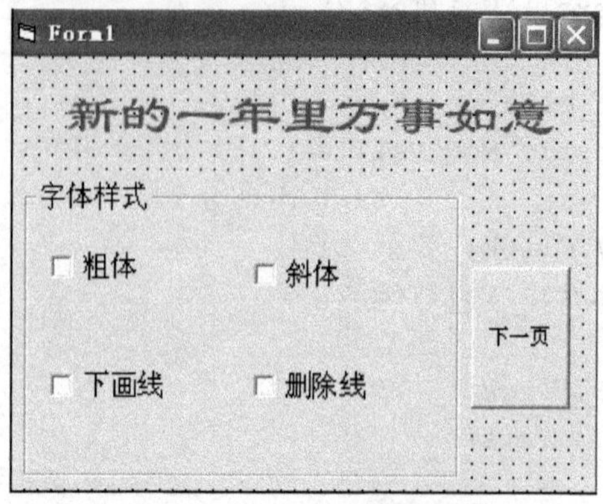

图 4-10　字体样式设计界面

（2）打开代码窗口，编写事件以代码如下：

```
Private Sub Check1_Click()
  Label1.FontBold=True
End Sub

Private Sub Check2_Click()
  Label1.FontItalic=True
End Sub

Private Sub Check3_Click()
  Label1.FontUnderline=True
End Sub

Private Sub Check4_Click()
  Label1.FontStrikethru=True
End Sub

Private Sub Command1_Click()
  Form1.Hide
  Form2.Show
End Sub
```

Form2 的事件以及代码如下：

```
Private Sub Check1_Click()
  Label1.FontBold=Check1.Value
End Sub
Private Sub Check2_Click()
  Label1.FontItalic=Check2.Value
```

```
End Sub
Private Sub Check3_Click()
  Label1.FontUnderline=Check3.Value
End Sub
Private Sub Check4_Click()
  Label1.FontStrikethru=Check4.Value
End Sub
```

提 示

（1）Label1.FontBold 的属性值为粗体；
Label1.FontItalic 的属性值为斜体；
Label1.FontUnderline 的属性值为下画线；
Label1.FontStrikethru 的属性值为删除线。

（2）对照 Form1 和 Form2 编程的不同之处，语句 Label1.FontItalic = True 和语句 Label1.FontItalic = Check2.Value 的区别。

相关知识

1．复选框的作用

在同一组复选框中，用户可以同时选择多个复选框。复选框之间彼此独立。

2．复选框的主要属性

（1）Value 属性：0 为不被选中，1 为选中，2 为禁止操作。
（2）Style 属性：0 是标准方式，1 是图形方式。
（3）Index 属性：设置控件在控件组中的成员编号。
（4）Appearance 属性：设置控件的视觉效果。0-Flat 为平面效果，1-3D 为立体效果。
（5）MousePointer 属性：运行时指针在复选框上的形状设置。

4.5 认识循环结构

任务 1 了解循环

任务描述

制作跳动的心。通过 2 张不同心的图片（Image1，Image2）来制作。

任务要求

理解循环的意义，使用 Timer 时钟来完成一些重复的操作。

任务操作要点

（1）添加控件并设置各个控件的属性，其属性设置如表 4-4 所示。

表 4-4　属性设置

控件名称	属　性	属　性　值
Form1	BackClor	&H00FFFFFF&
Timer1	Interval	300
Image1	Picture	导入图片“xin1.jpg”
Image2	Picture	导入图片“xin.jpg”
Image3	Picture	空

（2）打开代码窗口，编写事件代码如下：

```
Private Sub Timer1_Timer()
   Static n
   If n=0 Then
      Image3.Picture=Image1.Picture
      n=1
   Else
      Image3.Picture=Image2.Picture
      n=0
   End If
End Sub
```

提　示

Timer 控件可以完成某个动作的重复发生。

任务 2　循环应用——匀速运动的小球

任务描述

应用循环原理，制作简单的小球匀速运动。

任务要求

理解循环的意义，使用 Timer 时钟来完成一些重复的操作。

任务操作要点

（1）添加控件并设置各个控件的属性，其属性设置如表 4-5 所示。

表 4-5　属性设置

控件名称	属　性	属　性　值
Form1	Caption	匀速运动的小球
Timer1	Interval	50
Shape1	FillStyle	0-Solid
	Shape	3-Circle
	FillColor	&H00FF0000&

（2）打开代码窗口，编写事件代码如下：

```
Private Sub Timer1_Timer()
  If Shape1.Top<=Form1.Height Then
     Shape1.Top=Shape1.Top+100
  Else
     Shape1.Top=0
  End If
End Sub
```

相关知识

循环结构：

在实际应用中，需要多次完成相同或是相似的任务，这时可以使用循环结构，保持程序的简明性和可读性。

不仅 Timer 控件可以实现循环，在本书中我们还将介绍 For ...Next 循环语句和 Do ...Loop 循环语句。

4.6 For...Next 循环语句

任务 1 打印等腰三角形

任务描述

当单击“打印图形”按钮时，输出三角图形，当单击“清除”按钮时，清屏。

任务要求

利用 For ...Next 循环语句，在窗体上打印出如图 4-11 所示的图形。

任务操作要点

打开代码窗口，编写事件代码如下：

```
Private Sub Command1_Click()
Dim a As Integer, c As String
  c="*"
  For a=1 To 11
    Print Space(11-a); c
      c=c+"*"
  Next a
End Sub

Private Sub Command2_Click()
  Cls
End Sub
```

图 4-11 打印效果图

提 示

程序中 Space 函数能产生表达式的值所指定的空格数量。例如：Space(11)函数，表示输出 11 个空格。

相关知识

（1）For...Next 循环语句格式。

```
For<变量>=<初始值> To <终止值> [Step<步长>]
  [Exit For]
  <语句组>
Next <变量>
```

（2）说明：

① 首先，变量被设置初始值，然后，变量值和终止值比较。当步长为正，并且变量值小于终止值，或者步长为负并且变量值大于终止值时，重复执行循环体中的语句。每执行一次循环体，变量值按步长增加或是减少，直到不满足上述条件或是遇到 Exit For 语句时，退出循环。

② Exit For 语句的作用是：退出循环，执行循环外的语句。

③ 循环流程如图 4-12 所示。

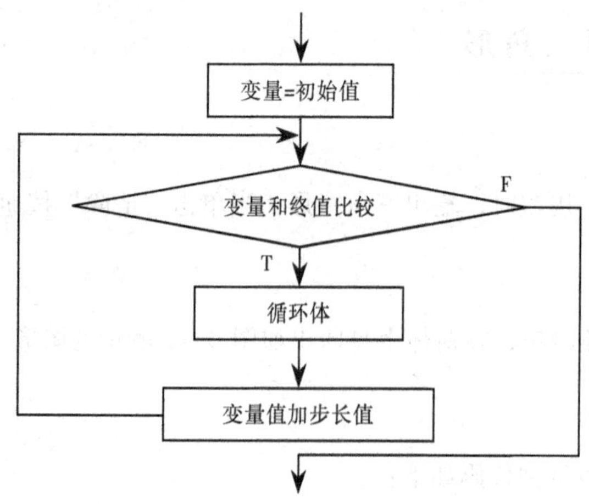

图 4-12 For...Next 语句的循环流程

④ 当初始值<终止值，步长应大于 0。如果步长省略，则默认为 1。

⑤ 当初始值>终止值，步长应小于 0。如果步长为 0，而循环体又无 Exit For 语句，则构成死循环。

任务 2 奇妙的 Visual Basic 世界

任务描述

单击窗体，出现如图 4-13 所示的“奇妙的 VB 世界”的字样，输出字样的位置随机。

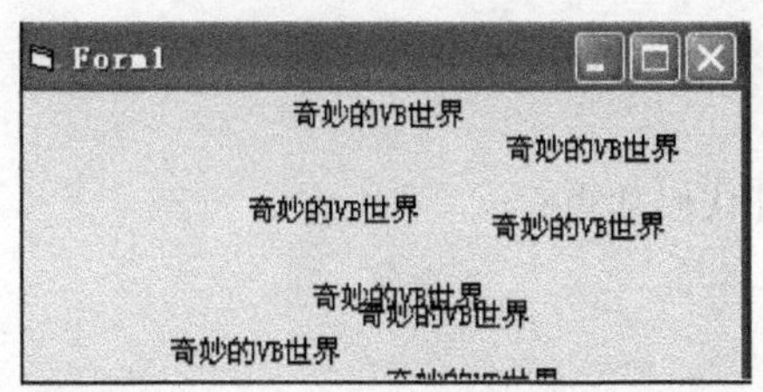

图 4-13 “奇妙的 VB 世界”效果图

任务要求

强化 For ...Next 循环语句。

任务操作要点

打开代码窗口，编写事件代码如下：

```
Private Sub Form_Click()
  Randomize
  For a=1 To 10
    CurrentX=Form1.Width*Rnd
    CurrentY=Form1.Height*Rnd
    Print "奇妙的 VB 世界"
  Next a
End Sub
```

提 示

（1）程序中的 Randomize 是随机语句。

（2）CurrentX 和 CurrentY 是指文字位置的横纵坐标。

（3）Rnd 是随机数。

任务 3 随机斑点

任务描述

单击窗体出现五颜六色的斑点，位置随机。效果如下图 4-14 所示。

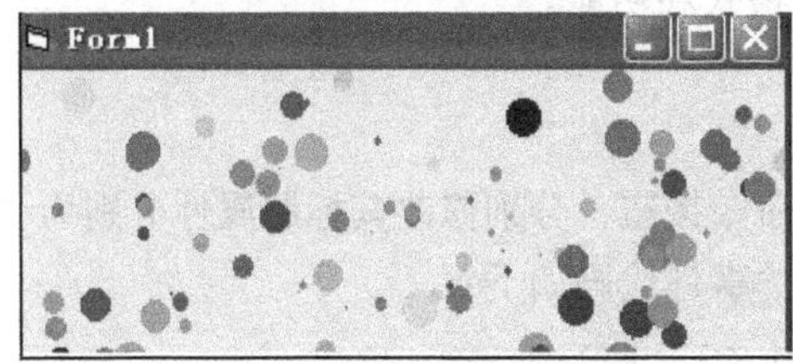

图 4-14 “随机斑点”效果图

任务要求

强化 For ...Next 循环语句。

任务操作要点

打开代码窗口，编写事件代码如下：

```
Private Sub Form_Click()
  Randomize
  For i=0 To 20
    x=Rnd*Width
    y=Rnd*Height
    DrawWidth=(DrawWidth+1) Mod 16+1
    PSet (x,y),RGB(256*Rnd,256*Rnd,256*Rnd)
  Next i
End Sub
```

提 示

（1）在 For 循环控制下，循环 21 次，从 0 到 20 输出 21 个点。

（2）PSet（x, y）作用是在窗体上置点。

（3）点的大小由 DrawWidth 变量来决定。

本任务中的语句 DrawWidth = (DrawWidth + 1) Mod 16 + 1 的作用是确定点的大小。

（4）点的颜色由函数 RGB(256 * Rnd, 256 * Rnd, 256 * Rnd) 决定，颜色随机。

4.7 Do...Loop 循环语句

任务 1 了解 Do While...Loop 循环语句

任务描述

制作学生成绩查询程序，实现单击“查询”按钮可在对话框中连续输入并同时打印出学生的成绩。单击“退出”按钮，结束程序。

任务要求

理解 Do While...Loop 的格式和功能。

任务操作要点

（1）在窗体上添加两个命令按钮，分别修改其标题属性分别为“查询”和“退出”。

（2）打开代码窗口，编写事件代码如下：

```
Private Sub Command1_Click()
  i=0
  Do While i<5
    i=i+1
     cj=InputBox("请输入"+Str(i)+"学生成绩：", "成绩", 100)
```

```
        Print "第"+Str(i)+"个学生成绩为"+Str(cj)
    Loop
End Sub

Private Sub Command2_Click()
End
End Sub
```

（3）运行界面如图 4-15 所示。

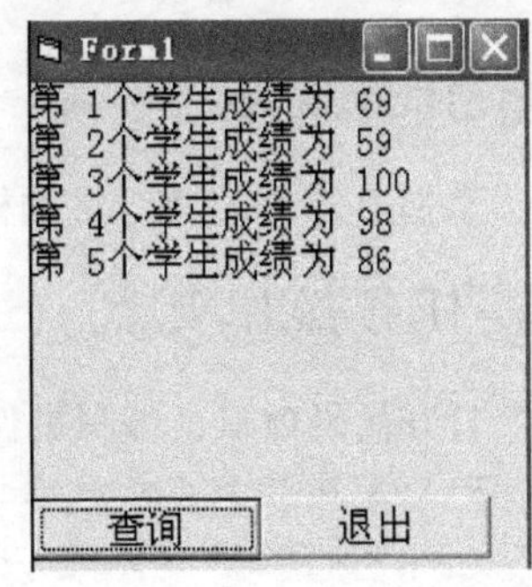

图 4-15　学生成绩查询效果图

提 示

程序代码中的 i=0

Do While i<5

语句说明循环控制 5 次，所以，只能连续输入 5 个成绩，注意 i 的初值为 0。

相关知识

（1）Do While…Loop 语句的格式：

```
Do While <条件>
<语句组 1>
Loop
```

（2）说明：

① 先判断条件，当条件为真时，执行 Do While…Loop 之间的程序代码。当条件为假时，执行 Do While…Loop 循环之外的语句。

② 循环流程如图 4-16 所示。

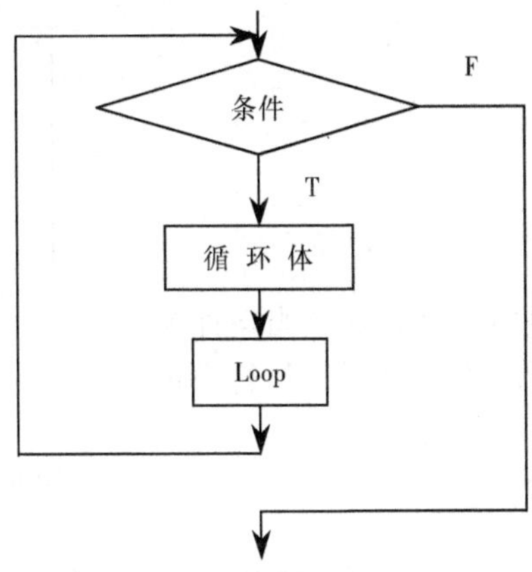

图 4-16　Do While…Loop 循环流程

任务 2　了解 Do…Loop While 循环语句

任务描述

利用 Do…Loop While 循环语句，编程计算 1×2×3×4×5×6×7×8×9×10 的值。

任务要求

掌握 Do…Loop While 的格式和功能，学会使用此循环。

任务操作要点

打开代码窗口，编写事件代码如下：

```
Private Sub Form_Click()
  Dim i As Single, s As Single
   i=1
   s=1
   Do
     s=s*i
     i=i+1
  Loop While i<=10
  Print s
End Sub
```

提 示

（1）变量 s 作为乘积的累计器，s 必须定义为 Single 型，若定义成整型，结果则会溢出。

（2）对照任务一中 Do While…Loop 语句的格式，注意其区别。

相关知识

1．Do…Loop While 语句的格式

```
Do
<语句组 1>
[exit do]
<语句组 2>
Loop while <条件>
```

2．说明

① 先执行循环体，然后进行条件判断，当条件为真时，继续执行循环体语句。当条件为假时，执行循环之外的语句。

② 循环流程如图 4-17 所示。

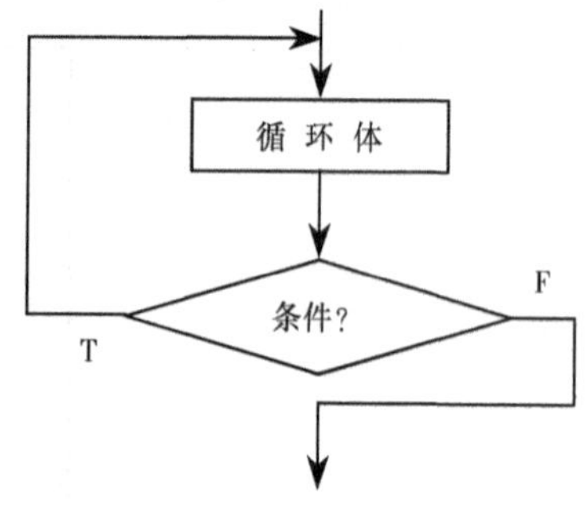

图 4-17　Do…Loop While 循环流程

4.8　认识循环嵌套

任务 1　了解循环嵌套——小九九表

任务描述

在窗体上打印直角三角形的小九九表。

任务要求

使用 For 循环语句，学会循环语句的嵌套。

任务操作要点

打开代码窗口，编写事件代码如下：

```
Private Sub Command1_Click()
  Dim a As Integer, b As Integer
  For a=1 To 9
       For b=1 To a
          Print Tab(4*b);a*b;
       Next b
       Print
  Next a
End Sub

Private Sub Command2_Click()
  Cls
End Sub
```

提 示

（1）程序中外循环控制九九表的行数，内循环控制九九表的列数。
（2）Tab 函数能够将表达式的值转化为空格的数量。

相关知识

（1）嵌套循环：在一个循环体内含有另外一个循环体，就形成了嵌套循环。
（2）在嵌套中，内外循环变量不能同名。
（3）多重循环只能嵌套，内外循环不能交叉。

任务 2 循环嵌套的应用——求素数

任务描述

在窗体上打印出指定数字范围内的素数。

任务要求

强化循环嵌套的作用。

任务操作要点

（1）在窗体上添加一个文本框和一个命令按钮，命令按钮的标题属性设为“查找素数”。

（2）打开代码窗口，编写事件代码如下：

```
Private Sub Command1_Click()
n=Val(Text1.Text)
 For i=2 To n
    For j=2 To Sqr(i)
      If i Mod j=0 Then Exit For
    Next j
      If j > Sqr(i) Then Print "在所给的范围内"; i; "为素数"
  Next i
End Sub
```

（3）运行窗体如图 4-18 所示。

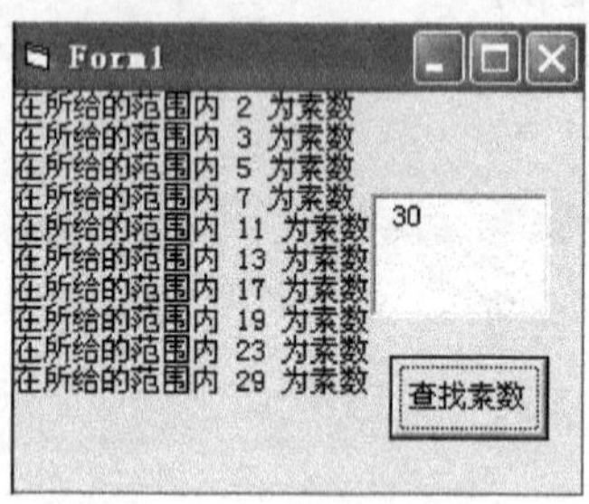

图 4-18　素数查询图

提　示

内层循环主要用来测试输入的数是否能被 2 到 Sqr(i)之间的数整除，如果不满足条件，而且条件 j > Sqr(i)为真，则表示该数是一个素数。

相关知识

（1）素数的概念：只能被 1 和自身整除的数。

（2）Exit For 语句的作用是，退出本次循环。

任务 3　循环嵌套的应用——求水仙花数

任务描述

查找出 100 到 999 之间的三位数哪些是水仙花数。

任务要求

掌握不同循环语句的嵌套格式。

任务操作要点

（1）打开代码窗口，编写事件及代码如下：

```
Private Sub Form_Click()
```

```
Dim i As Integer
Dim j As Integer
Dim k As Integer
Dim x As Integer
Dim y As Integer
i=1
Do While i<=9
i=i+1
  For j=0 To 9
     For k=0 To 9
       x=i*100+j*10+k
       y=i^3+j^3+k^3
       If x=y Then Print x
     Next k
   Next j
 Loop
End Sub
```

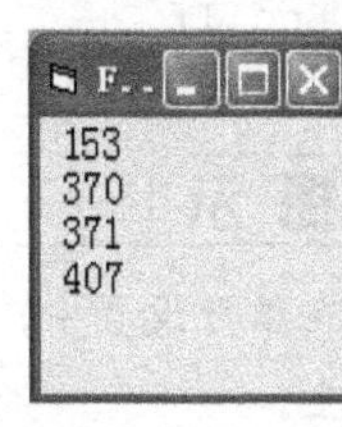

图 4-19　水仙花数

（2）运行后的界面，如图 4-19 所示。

提 示

变量 i 代表百位，j 代表十位，k 代表个位。x 是 100 到 999 的三位数。

相关知识

（1）三位水仙花数的概念：即满足个位、十位和百位的立方和等于该数本身的三位数。

（2）在实际编程中，两层嵌套很常见。也可以进行三层或者更多的嵌套。同一种循环和不同循环之间都可以相互嵌套。

4.9　时钟控件的使用

任务 1　了解时钟控件

任务描述

在窗体上添加一个标签，在时钟控件的控制下，标签中文字从左向右不断滚动。

任务要求

掌握时钟控件的循环作用。

任务操作要点

（1）设置 Timer 时钟的属性，如表 4-6 所示。

表 4-6 属性设置

控件名称	属性	属性值
Timer1	Interval	300
	Enabled	True

（2）打开代码窗口，编写事件代码如下：

```
Private Sub Timer1_Timer()
  If Label1.Left<=Form1.Width Then
  Label1.Left=Label1.Left+100
  Else
  Label1.Left=-3000
  End If
End Sub
```

提 示

在属性设置中，Timer 控件的 Interval 属性值不能为 0，否则，Timer 控件的事件不可能发生。

相关知识

1. Timer 时钟

计时器也称为时钟，是按一定时间间隔周期性自动触发事件的控件。在程序运行中，计时器不可见，可随意把此控件放在窗体的某个位置，并且允许同时使用多个 Timer 控件。Timer 控件只有一个 Timer 事件。

2. Timer 时钟的属性

（1）Enabled 属性：True 表示时钟开始工作，启动 Timer 事件。False 表示时钟停止工作。

（2）Interval 属性：可以在属性值中设置，也可以在程序中指定。它是指设置定时触发的周期（毫秒），计时器从该值递减。其值越小，事件触发的越频繁，动画的动作越快。属性值的范围是 0 到 65535。若是 0 的话，计时器为无效。

任务 2 时钟控件的应用——变色的动画

任务描述

制作一个简单的变色动画。在时钟的控制下，标签的背景色和前景色不断发生变化。

任务要求

强化时钟控件的应用。

任务操作要点

打开代码窗口，编写事件代码如下：

```
Private Sub Timer1_Timer()
  Static a
  a=a+1
  a=a Mod 16
  Label1.BackColor=QBColor(a)
  Label1.ForeColor=QBColor(15-a)
End Sub
```

提 示

QBColor 的色值范围是 0～15，所以，语句 a = a Mod 16，保证 a 的值不超出范围。

任务 3　时钟控件的应用——学生信息的随机抽取

任务描述

（1）制作随机抽取学生信息程序。界面设计如图 4-20 所示。

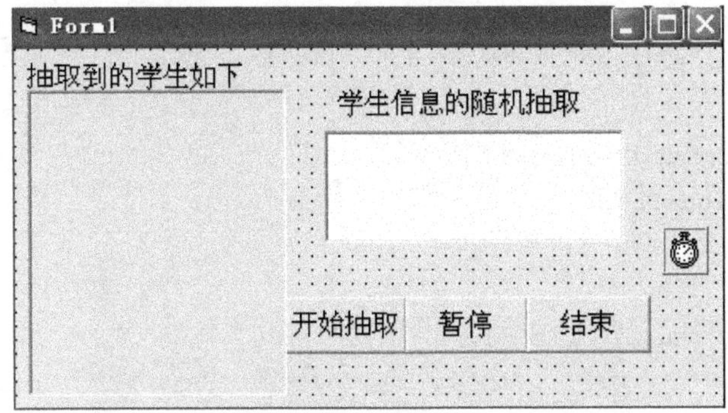

图 4-20　随机抽取学生信息的界面设计图

（2）抽取 1～3 年级学生，在此过程中显示所抽取到的学生信息。

任务要求

掌握时钟控件的运用，能够在生活工作中解决遇到的实际问题。

任务操作要点

（1）窗体属性设置，如表 4-7 所示。

表 4-7　属性设置

控件名称	属　性	属　性　值
Picture1	（名称）	P1
	Font	小四
Label1	Caption	抽取到的学生如下
	Font	小四

续表

控件名称	属性	属性值
Label2	Caption	学生信息的随机抽取
	Font	小四
Text1	Text	空
	Font	小四
Command1	Caption	开始抽取
	Font	小四
Command2	Caption	暂停
	Font	小四
Command3	Caption	结束
	Font	小四
Timer1	Interval	100

（2）打开代码窗口，编写事件代码如下：

```
Private Sub Command1_Click()
  Timer1.Enabled=True
End Sub
Private Sub Command2_Click()
  Timer1.Enabled=False
  P1.Print Text1.Text
End Sub
Private Sub Command3_Click()
  End
End Sub
Private Sub Timer1_Timer()
  b=Str(Int(3*Rnd+1))
  c=Str(Int(11*Rnd+1))
  a=Str(Int(41*Rnd+1))
  Text1.Text=Str(b)+"年"+Str(c)+"班"+Str(a)+"号"
End Sub
```

提 示

注意要设置 Timer1 的 Enabled 属性。

相关知识

（1）在程序中控制 Timer1 的启动与关闭，用到了其 Enabled 属性。

（2）为了实现随机抽取，使用了函数 Rnd。语句 Int(3 * Rnd + 1)的意思是产生从 1 到 3 范围内的随机数。

4.10 拓展练习

任务 1 单选按钮的应用——显示当前的日期和时间

任务描述

（1）制作显示时间程序，界面设计如图 4-21 所示。

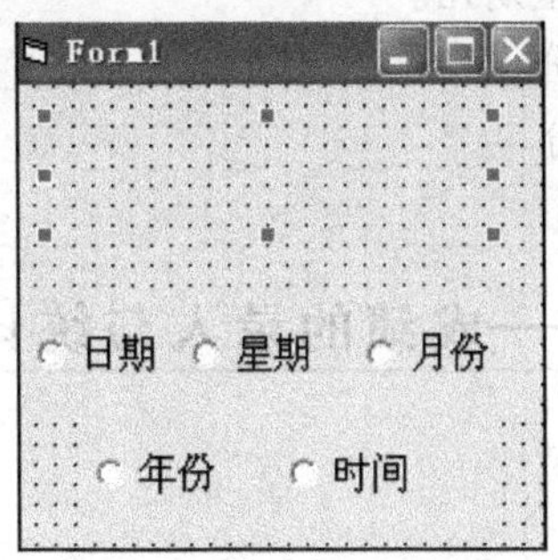

图 4-21 单选按钮的应用设计图

（2）选择任意单选按钮，都会在标签上显示出相应的信息。

任务要求

强化单选按钮的事件，熟练掌握单选按钮的应用。

任务操作要点

打开代码窗口，编写事件代码如下：

```
Private Sub Option1_Click()
  Label1.Caption="今天是" & Day(Now) & "号"
End Sub

Private Sub Option2_Click()
  Label1.Caption="今天是星期" & (Weekday(Now)-1)
End Sub

Private Sub Option3_Click()
  Label1.Caption="这个月是" & Month(Now) & "月份"
End Sub

Private Sub Option4_Click()
  Label1.Caption="今年是" & Year(Now) & "年"
End Sub
```

```
Private Sub Option5_Click()
  Label1.Caption="现在是" & Time()
End Sub
```

相关知识

在程序中，使用了关于时间和日期的函数。

函数 Day(Now)：今天的日期。

函数 Weekday(Now)：今天是星期几。

函数 Month(Now)：今天的月份。

函数 Year(Now) ：今天的年份。

函数 Time()：当前的时间。

任务 2　复选框的应用——成绩的录入与统计

任务描述

（1）制作成绩的录入统计程序，界面设计如图 4-22 所示。

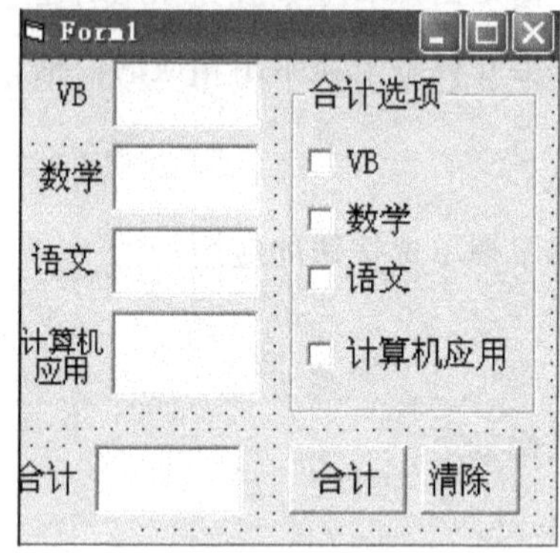

图 4-22　复选框案例设计图

（2）成绩的录入与统计。

成绩为百分制，根据复选框选中的课程进行合计，一次录入可多次统计。当单击“合计”按钮时，将所有的成绩求和并显示出来。当单击“清除”按钮时，清除所有的文本信息。

任务要求

强化复选框的应用。对于分支嵌套程序充分理解。

任务操作要点

打开代码窗口，编写事件代码如下：

```
Private Sub Command1_Click()
 If Val(Text1)>=0 And Val(Text1)<=100 Then
    If Check1.Value=1 Then a=a+Val(Text1)
 Else
```

```
    MsgBox "VB成绩有错误", ,"提示"
     Text1=""
    Text1.SetFocus
  End If
  If Val(Text2)>=0 And Val(Text2)<=100 Then
    If Check2.Value=1 Then a=a+Val(Text2)
  Else
    MsgBox "数学成绩有错误", , "提示"
    Text2=""
    Text2.SetFocus
  End If
  If Val(Text3)>=0 And Val(Text3)<=100 Then
    If Check3.Value=1 Then a=a+Val(Text3)
  Else
    MsgBox "语文成绩有错误", , "提示"
    Text3=""
    Text3.SetFocus
  End If
  If Val(Text4)>=0 And Val(Text4)<=100 Then
     If Check4.Value=1 Then a=a+Val(Text4)
  Else
     MsgBox "计算机应用成绩有错误", , "提示"
      Text4=""
     Text4.SetFocus
  End If
  Text5.Text=a
End Sub

Private Sub Command2_Click()
  Check1.Value=0
  Check2.Value=0
  Check3.Value=0
  Check4.Value=0
  Text5=""
End Sub
```

提 示

(1)程序中代码 Val(Text1) >= 0 And Val(Text1) <= 100 保证录入的数字在 0 ~ 100 之间。

(2) Check1.Value = 1，表示选中 Check1;

Check1.Value = 0，则清除所选的复选框。

(3) Text1.SetFocus，表示光标闪现在 Text1 中。

任务 3 综合应用——制作调查表

任务描述

（1）设计一个关于学生的调查表。在文本框中分别输入姓名、班级和年龄后，选择政治面貌、性别和兴趣爱好。

（2）界面设计如图 4-23 所示。

（3）实现以下功能：

单击“提交”按钮时，在个人资料的标签上显示上面的所有信息。

单击“清除”按钮时，清除文本框中的内容。

单击“退出”按钮时，退出。

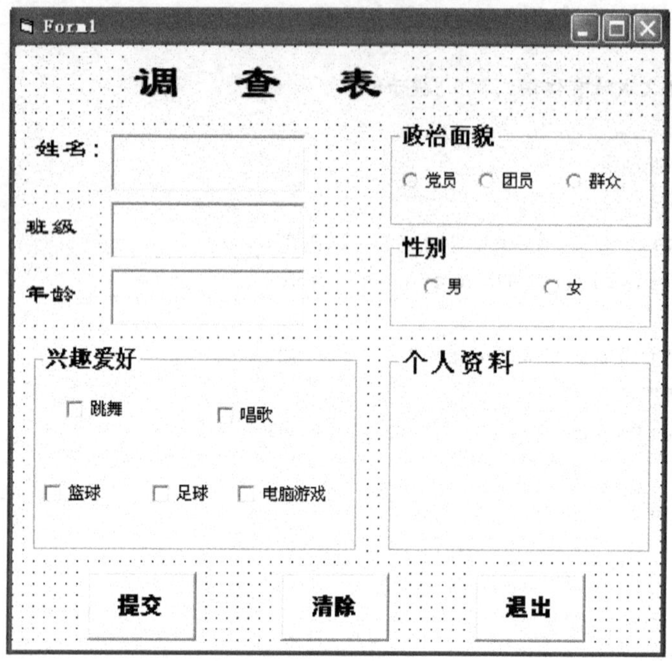

图 4-23 调查表界面设计图

任务要求

综合应用单选按钮、复选框和分支语句。

任务操作要点

打开代码窗口，编写事件代码如下：

```
Private Sub Command1_Click()
  If Check1.Value=1 Then a="跳舞"
  If Check2.Value=1 Then b="唱歌"
  If Check3.Value=1 Then c="篮球"
  If Check4.Value=1 Then d="足球"
```

```
  If Check5.Value=1 Then e="电脑游戏"
  If Option3.Value Then zhengzhi="党员"
  If Option4.Value Then zhengzhi="团员"
  If Option5.Value Then zhengzhi="群众"
  Label2.Caption = "姓名: "+Text1.Text+vbNewLine+"班级: "+Text2.Text+ _
  vbNewLine+"年龄: "+Text3.Text+vbNewLine+"性别: "+IIf(Option1.Value, "男", _
  "女")+vbNewLine+"政治面貌: "+zhengzhi+vbNewLine+"爱好: "+a +b+c+d+e
End Sub

Private Sub Command2_Click()
  Text1.Text=""
  Text2.Text=""
  Text3.Text=""
  Option1.Value=False
  Option2.Value=False
  Option3.Value=False
  Option4.Value=False
  Option5.Value=False
  Check1.Value=0
  Check2.Value=0
  Check3.Value=0
  Check4.Value=0
  Check5.Value=0
  Label2.Caption=""
End Sub

Private Sub Command3_Click()
  End
End Sub

Private Sub Form_Load()
  Command1.Enabled=False
  Command2.Enabled=False
  Frame1.Enabled=False
  Frame2.Enabled=False
  Frame4.Enabled=False
  Text2.Enabled=False
  Text3.Enabled=False
  End Sub

Private Sub Text1_Change()
  Text2.Enabled=True
  Text3.Enabled=True
  Command1.Enabled=True
  Command2.Enabled=True
```

```
    Frame1.Enabled=True
    Frame2.Enabled=True
    Frame4.Enabled=True
    If Text1.Text="" Then Command1.Enabled=False
    If Text1.Text="" Then Command2.Enabled=False
    If Text1.Text="" Then Frame1.Enabled=False
    If Text1.Text="" Then Frame2.Enabled=False
    If Text1.Text="" Then Frame4.Enabled=False
End Sub
```

提 示

（1）在本任务中，事件 Text1_Change 是指在文本框中输入姓名才可将所有选项全部激活。

（2）运行界面如图 4-24 所示。

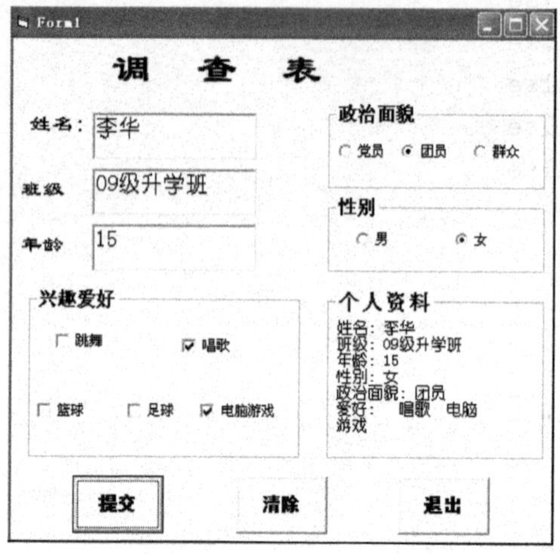

图 4-24 调查表运行界面

任务 4 时钟控件的综合应用——文字碰壁回旋运动

任务描述

（1）在时钟的控制下，完成文字（在标签中）碰壁回旋运动。两个时钟的 Enabled 只能有一个为 True。

（2）界面设计如图 4-25 所示。

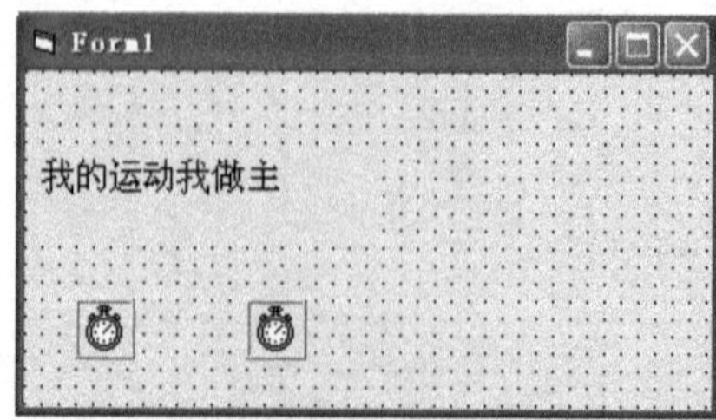

图 4-25 碰壁运动的设计界面

任务要求

合理利用时钟控件制作简单动画。

任务操作要点

打开代码窗口，编写事件代码如下：

```
Private Sub Timer1_Timer()
  If Label1.Left+Label1.Width<Form1.Width Then
    Label1.Left=Label1.Left+100
  Else
    Timer1.Enabled=False
    Timer2.Enabled=True
  End If
End Sub

Private Sub Timer2_Timer()
  If Label1.Left<=0 Then
    Timer1.Enabled=True
    Timer2.Enabled=False
  End If
  Label1.Left=Label1.Left-100
End Sub
```

提　示

（1）要设置两个时钟控件的 Interval 属性。

（2）不能让两个时钟的 Enabled 属性同时为 True。

（3）程序中向左运动时的条件注意加上标签的宽度，使效果突出。

本例中使用了两个时钟控件分别控制向左和向右。请尝试用一个时钟控件完成同样的运动。

任务 5　强化时钟控件的应用——变色的运动动画

任务描述

（1）制作一个文字（在标签中）可以变色并运动的动画。

（2）运行效果如图 4-26 所示。

图 4-26　变色动画的设计界面

任务要求

强化时钟控件的应用。

任务操作要点

打开代码窗口，编写事件及代码如下：

```
Private Sub Timer1_Timer()
  If Label1.Left>=0 Then
    Label1.Left=Label1.Left-100
  Else
    Label1.Left=4700
  End If
  If Label1.ForeColor=vbRed Then
     Label1.ForeColor=vbBlue
   Else
     Label1.ForeColor=vbRed
  End If
End Sub
```

提 示

尝试将本例与任务 5 结合制作更丰富多彩的动画效果。

任务 6 强化时钟控件的应用——三张图片滚动播放

任务描述

（1）制作一个滚动播放的动画效果，三张图片滚动播放。

（2）设计界面如图 4-27 所示。

图 4-27　图片动画的设计界面

任务要求

强化多分支语句的应用。

任务操作要点

打开代码窗口，编写事件代码如下：

```
Private Sub Timer1_Timer()
Dim i As Integer
  i=Int(Timer) Mod 3
  Select Case i
     Case 0
        Picture2.Visible=True
        Picture1.Visible=False
        Picture3.Visible=False
     Case 1
        Picture2.Visible=False
        Picture1.Visible=True
        Picture3.Visible=False
     Case 2
        Picture2.Visible=False
        Picture3.Visible=True
        Picture1.Visible=False
  End Select
End Sub
```

提 示

（1）在界面设计时，添加了 3 个图片框（Picture1，Picture2，Picture3），分别存放 3 张不同图片，但是，位置是重叠的。

（2）请尝试只在一个图片框中，用 LoadPicture()函数完成相同的效果。

相关知识

LoadPicture()函数。

（1）格式：

```
LoadPicture("图片的路径" & "\文件名")
```

（2）例句：

```
Picture1.Picture=LoadPicture("C:\Documents and Settings\liubing\桌面\图片素 _
材\图片" & "\01.jpg")
```

（3）示例：在一个图片框中，用 LoadPicture()函数完成三张图片的有序播放，代码如下：

```
Private Sub Timer1_Timer()
    Dim i As Integer
     i=Int(Timer) Mod 3
     Select Case i
       Case 0
       Picture1.Picture=LoadPicture("C:\Documents and Settings\liubing\桌 _
       面\图片素材\图片" & "\01.jpg")
```

```
        Case 1
        Picture1.Picture=LoadPicture("C:\Documents and Settings\liubing\桌 _
        面\图片素材\图片" & "\02.jpg")
        Case 2
        Picture1.Picture=LoadPicture("C:\Documents and Settings\liubing\桌 _
        面\图片素材\图片" & "\03.jpg")
    End Select
End Sub
```

思考与练习

（1）输入和修改字体的式样。在文本框中随意输入字符，可对此字符进行字体（单选按钮）、字型（复选按钮）和字号（单选按钮）的设置。当单击“重写”按钮时，清除文本框中的字符。程序界面如图 4-28 所示。

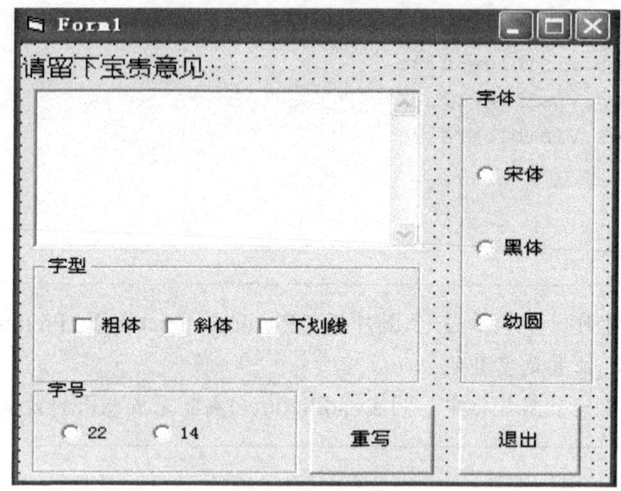

图 4-28　界面设计图

提 示

文本框的滚动条需要在属性中设置 MultiLine 为“True”，ScrollBars 为“2-Vertical”.

（2）显示当前时间。在文本框中显示系统当前的时间，如图 4-29 所示。

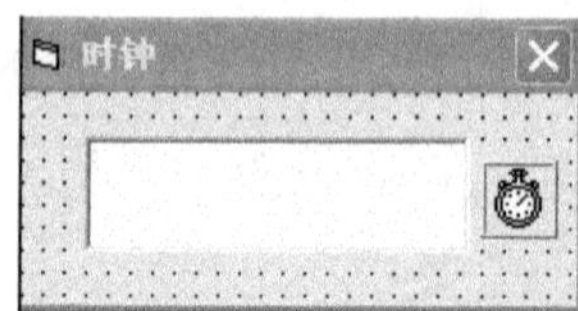

图 4-29　时钟

（3）依据以下代码，设计窗体，显示输出程序的结果。

```
Private Sub Command1_Click()
```

```
    x=22
    y=40
    Print 22>40
    Print x*x-4*y*z>=0
    Print "a">"c"
    Print "nihao">"ninhao"
    Print x>y And y>40
    Print x>y Or y>40
    Print Not (x<=y)
End Sub
```

（4）设计用户登录界面，当用户输入正确的用户名和密码，直接进入 Form2。当用户输入的密码和用户名不正确，则弹出 MsgBox 提示对话框，提示“无法进入，账号或密码错误”。用户名和密码自定。

（5）使用 For ...Next 循环语句和 Randomize 函数，编写程序。当单击窗体时，在窗体上随机出现“你喜欢学习 VB 吗？”的字样，输出字样的位置随机。

（6）制作小球碰壁回旋运动程序。在时钟的控制下，完成小球从左向右，再从右向左的碰壁回旋运动。

（7）利用循环语句，在窗体上打印出等腰三角形（6 行），当单击“打印图形”按钮时，输出三角图形，当单击“清除”按钮时，清屏。

（8）制作文字“绿色出行，低碳生活”（在标签中）可以变色的动画。两种颜色交替，颜色自定。

第 5 章 Visual Basic 数组与结构程序设计

5.1 认识数组

任务 1 了解一维数组

任务描述

（1）设计一个程序，实现职工工资的输入和显示输出。使用 Inputbox 函数输入工资并用一维数组存储。

（2）运行界面如图 5-1 所示。

图 5-1 一维数组应用运行界面

任务要求

掌握一维数组的概念、定义和使用方法。

任务操作要点

打开代码窗口，编写事件和代码如下：

```
Dim gz(6) As Integer
Private Sub Form_Click()
  Print "本次工资可以录入并显示 6 次: "
  For i=0 To 5
    gz(i)=InputBox("工资录入")
    Print "职工 （"; i; "）"+"的工资为"; gz(i)
  Next i
End Sub
```

提　示

（1）语句：Dim gz(6) As Integer，定义了一个含有 6 个数组元素的一维数组。

（2）数组有多少个元素，For 循环就有多少次，与程序中 For i = 0 To 5 对应。

相关知识

1．数组的概念

从本质上讲，数组就是在内存中分配一块连续的空间，有联系并且数据类型一致的数组元素按照一定的次序在这块区域里连续存放。这个区域有共同的名字就是数组的名称。

2．一维数组的定义格式

Dim 数组名（下标）as 数据类型

3．说明

- 数组名的命名规则和变量的命名规则相同。
- 下标可以是整型常量、变量或是表达式。
- 若下标是固定的值，则该数组称为静态数组，指在程序运行中数组元素的数目不变。
- 若出现 Dim 数组名() As 数据类型，则该数组称为动态数组，即在程序运行中，数组中的元素数目，随程序而变动。
- 下标形式也可以是：下界　to　上界。即 Dim 数组名（下界　to　上界）as 数据类型。
- 在一条 dim 语句中同时定义多个数组，中间用逗号隔开。
- 数组必须先定义后才能使用。定义时要说明数组的数组名，下标和数组类型。

任务 2　了解二维数组

任务描述

用 Print 方法以矩阵形式输出数组元素并计算出其中一条对角线的数值的和。

任务要求

（1）掌握二维数组的概念、定义和使用方法。

（2）运行界面如图 5-2 所示。

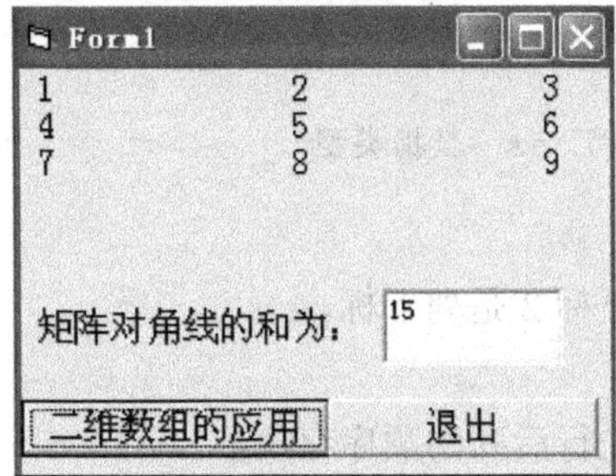

图 5-2　运行界面

任务操作要点

打开代码窗口，编写事件代码如下：

```
Private Sub Command1_Click()
  Cls
  Text1.Text = ""
  Dim i As Integer
  Dim j As Integer
  Dim a(10, 10) As Integer
  Dim k As Integer
  k=0
  For i=1 To 3
     For j=1 To 3
        a(i, j)=Val(InputBox("请输入矩阵的数值"))
        Print a(i, j),
        If i=j Then k=a(i, j)+k
     Next j
     Print
  Next i
  Text1.Text=k
End Sub

Private Sub Command2_Click()
  End
End Sub
```

提 示

（1）在按钮的单击事件中定义了一个二维数组，然后通过 For 循环进行数组元素的输入与打印。一般情况下，数组有多少维，For 循环就有多少层。

（2）在程序 Print a(i, j)语句中，注意下标 i 和 j 用逗号隔开。

相关知识

1. 二维数组定义格式

```
Dim 数组名（下标 1，下标 2） as  数据类型
```

2. 说明

- 通常下标 1 是行下标，下标 2 是列下标。
- 避免下标越界的错误。
- 二维数组在内存中按照先行后列的顺序存放。

5.2　认识控件数组

任务 1　控件数组的应用——四则运算计算器

任务描述

设计一个简易的四则运算计算器。

任务要求

掌握如何创建控件数组，熟悉其作用。学会使用 Command1 的控件数组，简化事件过程。

任务操作要点

（1）在窗体上添加第一个按钮，通过复制，粘贴操作 9 次创建 Command1 的控件数组，修改其标题属性分别为 0、1、2、3、4、5、6、7、8、9。添加第二个按钮，通过复制，粘贴操作 3 次创建 Command2 的控件数组，修改其标题属性分别为+、–、×、÷。添加第三个按钮，修改其标题属性为 cls。添加第四个按钮，并设置标题属性为=。界面设计如图 5-3 所示。

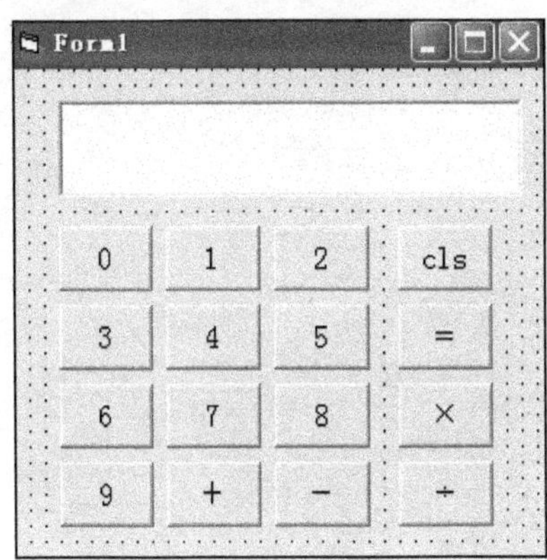

图 5-3　四则运算计算器的设计界面

（2）打开代码窗口，编写事件代码如下：

```
Dim op1 As Byte
Dim m As Integer
Dim n As Integer
Dim x As Boolean

Private Sub Command1_Click(Index As Integer)
If Not x Then
  Text1.Text=Text1.Text & Index
Else
  Text1.Text=Index
  x=False
```

```
End If
End Sub

Private Sub Command2_Click(Index As Integer)
  m=Text1.Text
  op1=Index
  Text1.Text=""
End Sub

Private Sub Command3_Click()
  Text1.Text=""
End Sub

Private Sub Command4_Click()
 n = val(Text1.Text)
 Select Case op1
 Case 0
   Text1.Text=m+n
 Case 1
   Text1.Text=m-n
 Case 2
   Text1.Text=m*n
 Case 3
   Text1.Text=m/n
 End Select
   x=True
End Sub
Private Sub Form_Load()
   x=False
End Sub
```

（3）运行工程。计算 12×10+30 的运行结果，如图 5-4 所示。

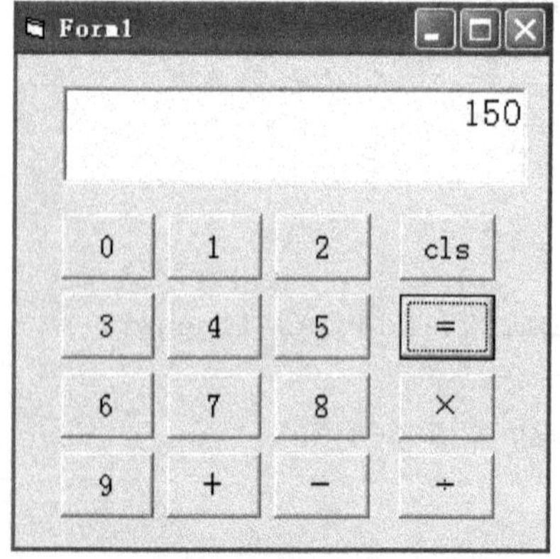

图 5-4　四则运算器的运行效果图

提　示

（1）文本框用于输入与结果的输出。

（2）数字按钮 0 到 9 是复制命令按钮 9 次创建的第一个控件数组，四则运算符号按钮是复制命令按钮 3 次，创建的第二个控件数组。

相关知识

（1）控件数组。控件数组是由一组相同类型的控件组成。它们共用一个相同的控件名称（即“名称”属性必须相同），具有基本相同的属性设置。

（2）控件数组的建立。将第一个控件设置好，通过复制粘贴操作，构成一组数组，控件之间的关联是通过 Index 属性进行区别和操作。

当通过复制，粘贴而建立控件数组时，系统给每个元素赋予了一个唯一的索引号（Index），即下标。下标值由 Index 属性指定。通过 Index 属性，确定控件的下标是多少，第 1 个元素的下标是 0。

（3）控件数组的名字由“名称”属性指定。使用控件数组主要是利用共享事件过程的特点来简化编程。

任务 2　控件数组的应用——设置文字的颜色和大小

任务描述

利用单选按钮的控件数组对文本框的文字进行颜色和字号的设置。

任务要求

掌握建立控件数组的方法，理解控件数组简化程序的意义。

任务操作要点

（1）在窗体上添加 1 个文本框，修改 Text 属性为“欢迎使用控件数组”，添加 2 个框架，然后，创建 Option1 的控件数组，复制粘贴 3 次，标题属性分别为红色，蓝色，黄色和绿色。再创建 Option2 的控件数组，复制粘贴 3 次，标题属性分别为 12，16，18 和 20。设计界面如图 5-5 所示。

图 5-5　控件数组设计界面

（2）打开代码窗口，编写事件代码如下：

```
Private Sub Option1_Click(Index As Integer)
  Select Case Index
  Case 0
     Text1.ForeColor=vbRed
  Case 1
     Text1.ForeColor=vbBlue
  Case 2
     Text1.ForeColor=vbYellow
  Case 3
```

```
      Text1.ForeColor=vbGreen
    End Select
  End Sub

  Private Sub Option2_Click(Index As Integer)
    Select Case Index
      Case 0
         Text1.FontSize=12
      Case 1
         Text1.FontSize=16
      Case 2
         Text1.FontSize=18
      Case 3
         Text1.FontSize=20
    End Select
  End Sub
```

提 示

此案例中创建了两个控件数组，分别是 Option1()用于对颜色的设置；Option 2 ()用于对字号的设置。

相关知识

建立控件数组的步骤：

（1）首先，在窗体上创建一个相关控件，设置其相关属性。

（2）通过复制粘贴，会弹出如图 5-6 所示的对话框。

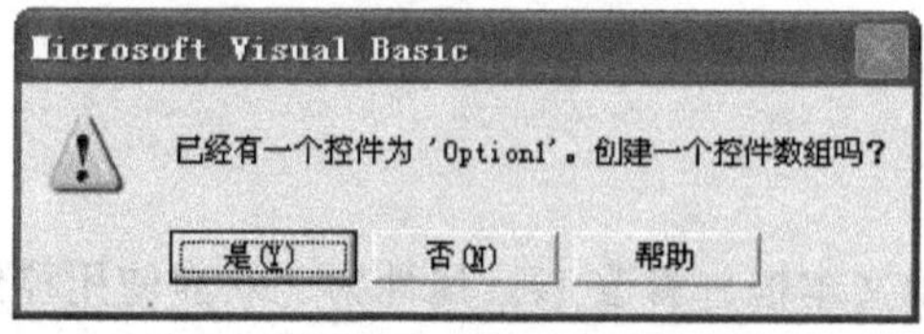

图 5-6　创建控件数组的对话框

单击“是”按钮，则生成以当前控件名命名的控件数组，可以看到每次进行粘贴操作，Index 属性都会增加 1（从 0 开始）。同时，在代码窗口中，可以看到事件里加入了 Index 参数。

5.3　列表框控件的使用

任务 1　了解列表框控件

任务描述

模拟设计一个简单的选歌平台。在歌曲目录中，双击任一歌曲，即可选中，同时判断是否已选择过，将结果显示在列表框中。

任务要求

掌握列表框的属性设置。

任务操作要点

（1）在窗体上添加 2 个标签和 2 个列表框，其各个属性设置如表 5-1 所示。界面设计，如图 5-7 所示。

表 5-1 属性设置

控件名称	属性	属性值
Label1	Caption	歌曲目录
Label2	Caption	已选中的歌曲
List1	List	爱，因为在心中 好心分手 北京欢迎你 练习 真心英雄 孤单北半球 千纸鹤 痴心绝对
List2	List	空

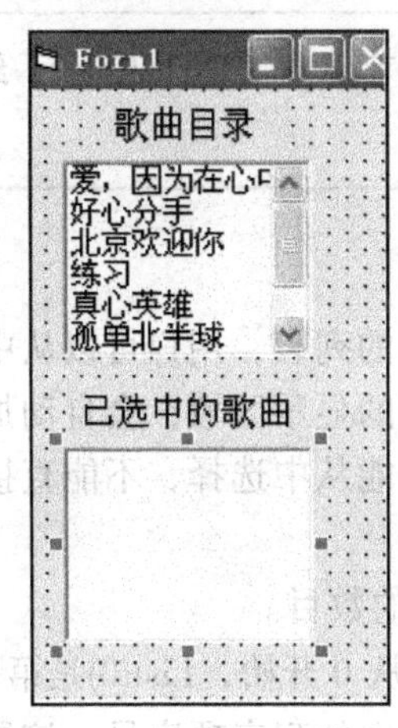

图 5-7 选曲平台设计界面

（2）打开代码窗口，编写事件代码如下：

```
Private Sub List1_DblClick()
Dim i As Integer
Dim j As Integer
j=List2.ListCount                        '统计 List2 中的项目数量
For i=0 To j-1                           '查找 List2 中是否有现有的项目
   If List2.List(i)=List1.Text Then Exit For '有则不添加
Next i
```

```
    If i=j Then List2.AddItem List1.Text        ' 没有则添加到 List2
End Sub

Private Sub List2_DblClick()
    List2.RemoveItem List2.ListIndex
End Sub
```

（3）运行工程，效果如图 5-8 所示。

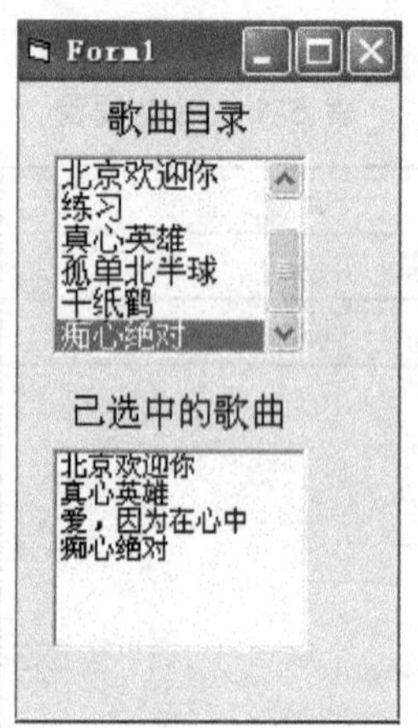

图 5-8　选歌平台运行效果图

提 示

在设置列表框的 List 属性时，可以按【Ctrl+Enter】组合键进行换行输入，当输入结束时，按【Enter】键。

相关知识

（1）列表框提供了一个可以选择的列表，用户可以从中选择一个或者是多个列表项目。

（2）如果选项较多，超出列表框的显示区域，会自动加上滚动条。

（3）列表框最主要的特点就是只能从中选择，不能直接写入或修改。

（4）列表框的主要属性：

- Columns 属性：指列表框中列的数目。
- List 属性：字符串数组，下标从 0 开始，List(0)是第一个列表项。
- ListIndex 属性：表示执行时选中的列表项序号，该属性只能在程序中设置和引用。
- ListCount 属性：列表框中的列表项目数，其数值为项目总数减 1. 该属性只能在程序中设置和引用。
- Text 属性：表示被选中列表项的文本内容。该属性只能在程序中设置和引用。

任务 2　列表框控件的使用——信息的输入

任务描述

在“添加城市名称”文本框中输入城市名称，当单击“添加到项目列表”命令按扭时，将其城市名称添加到“中国部分城市列表”框中。当单击“删除所有城市”命令按扭时，将列表框中的所有城市名称删除清空。

任务要求

掌握列表框的方法。要求列表框中的原有城市列表必须在程序中添加。

任务操作要点

（1）在窗体上添加两个标签、一个列表框、一个文本框和两个按钮，修改其属性。界面设计如图 5-9 所示。

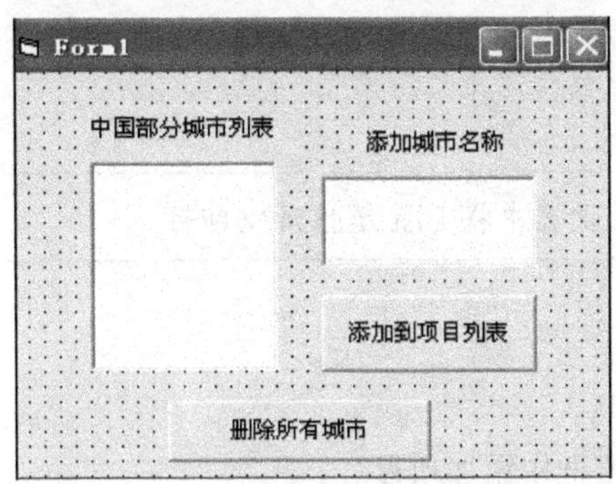

图 5-9 中国部分城市列表设计界面

（2）打开代码窗口，编写事件代码如下：

```
Private Sub Command1_Click()
  If Text1.Text="" Then
     MsgBox "不能添加空的城市名称"
     Exit Sub
  Else
     list1.AddItem Text1.Text
  End If
End Sub

Private Sub Command2_Click()
  list1.Clear
End Sub

Private Sub Form_Load()
  list1.AddItem "沈阳"
  list1.AddItem "大连"
  list1.AddItem "广州"
  list1.AddItem "深圳"
  list1.AddItem "杭州"
End Sub
```

（3）运行工程，效果如图 5-10 所示。

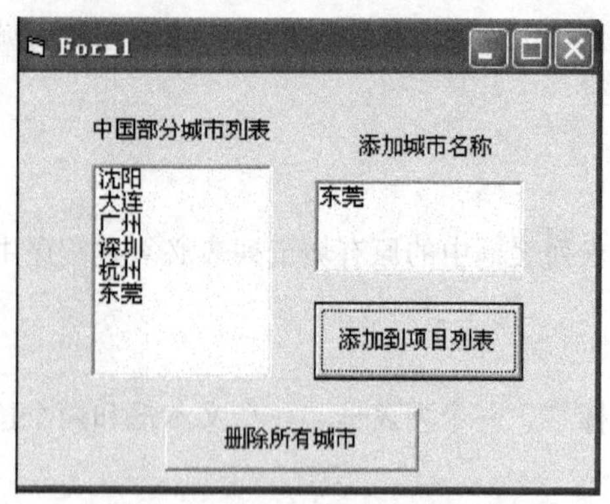

图 5-10　城市列表效果图

提 示

添加列表框时，在属性设置中将 List 属性清空即可。

相关知识

列表框主要方法。

① AddItem 方法：向列表框中添加项目。

格式：列表框名.AddItem 字符串[，序号]

说明：序号是要添加项目的顺序号。

② RemoveItem 方法：从列表框中删除项目。

格式：列表框名. RemoveItem 序号

说明：序号是要删除项目的顺序号。

③ Clear 方法：清除列表框中的所有内容。

格式：列表框名.Clear

5.4　组合框控件的使用

任务 1　了解组合框控件

任务描述

应用组合框编程，实现天气情况查询的功能。

任务要求

学会使用组合框并能进行属性的设置。

任务操作要点

（1）界面设计如图 5-11 所示。在窗体上添加 1 个标签、1 个组合框、1 个文本框和 2 个按钮，其属性设置如表 5-2 所示。

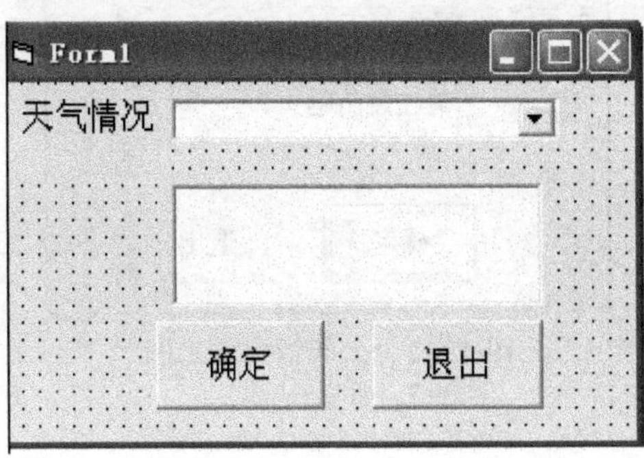

图 5-11 天气情况查询设计界面

表 5-2 属性设置

控件名称	属性	属性值
Label1	Caption	天气情况
Combo1	List	晴天 大雨 小雪 雾气
Text1	Text	空
Command1	Caption	确定
Command2	Caption	退出

（2）打开代码窗口，编写事件代码如下：

```
Private Sub Command1_Click()
Dim i  As String
  i=Combo1.Text
  Select Case i
  Case "晴天"
      Text1.Text="请注意防晒"
  Case "大雨"
      Text1.Text="需要带伞出门"
  Case "小雪"
      Text1.Text="请注意防寒"
  Case "雾气"
      Text1.Text="请仔细看路"
  End Select
End Sub

Private Sub Command2_Click()
  End
End Sub
```

（3）运行工程。效果如图 5-12 所示。

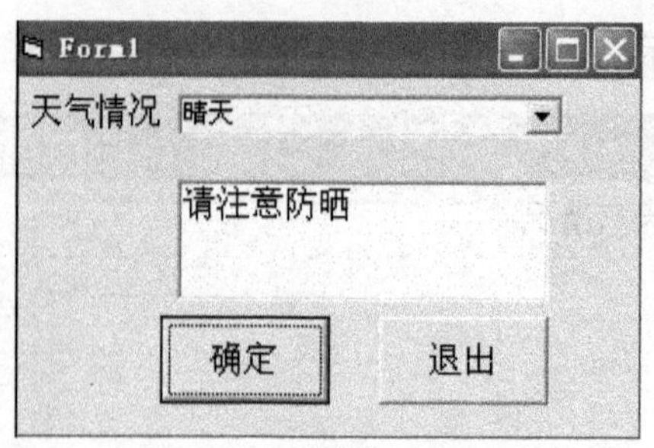

图 5-12　天气情况效果图

提　示

（1）程序编写中，测试值 i 是字符型，所以，注意双引号的应用。例如：语句 Case "晴天"。

（2）运行时，在组合框 List 属性中输入的选项必须和程序中语句 case 后的选项相符

相关知识

（1）组合框是将文本框和列表框组合在一起的控件。既可以在文本框输入字符串，也可以在列表框直接选择。

（2）主要属性：

① Style 属性：取值为 0，1，2 ，决定组合框的不同风格。

- Style=0 默认类型，下拉式组合框，既能在列表框中选择，又能输入。
- Style=1 简单组合框，文本框右侧无箭头按钮，列表框不能被收起或是拉下。
- Style=2 下拉式列表框。选择项只能在列表中选择，不能输入。

② Text 属性：是用户所选择项目的文本或直接从编辑区输入的文本。

③ List 属性：设置返回组合框中的项目内容。

④ ListCount 属性：组合框中所含项目的总数。

任务 2　组合框控件的使用——在组合框的列表项中添加项目

任务描述

（1）制作组合框应用程序，运行效果如图 5-13 所示。

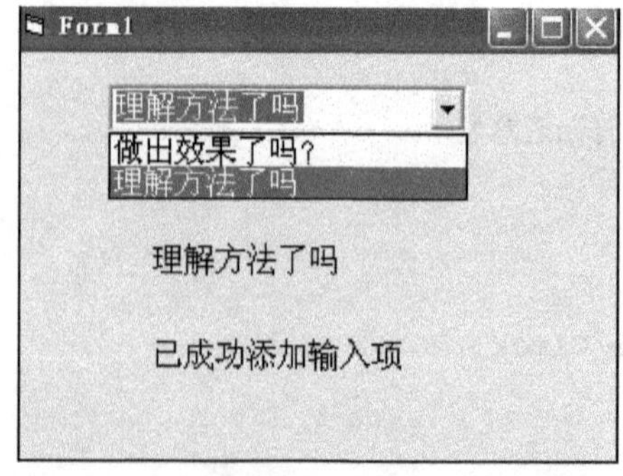

图 5-13　组合框应用的运行效果图

（2）在组合框中输入文本按【Enter】键，即可添加到组合框中作为列表项。在 Label1 上显示输入的文本，在 Label2 上显示“已成功添加输入项”。

任务要求

掌握组合框的方法应用，强化它的属性应用。

任务操作要点

（1）在窗体上添加两个标签，分别清空其标题属性，再添加一个组合框。

（2）打开代码窗口，编写事件代码如下：

```
Private Sub Combo1_KeyPress(KeyAscii As Integer)
  If KeyAscii=13 Then
     For i=0 To Combo1.ListCount - 1
         If Combo1.Text=Combo1.List(i) Then
              Label2.Caption="输入项已在组合框中"
              Label1.Caption=Combo1.Text
              Exit Sub
         End If
     Next i
     Combo1.AddItem Combo1.Text
     Label1.Caption=Combo1.Text
     Label2.Caption="已成功添加输入项"
  End If
End Sub
```

提 示

KeyAscII= 13 的意义是选择“按【Enter】键”。

相关知识

组合框的方法和列表框的相似：

① AddItem 方法：向组合框中的列表项中添加项目。

② RemoveItem 方法：从组合框的列表项中删除项目。

③ Clear 方法：清除列表中的所有内容。

5.5 滚动条控件的使用

任务 1 了解滚动条控件

任务描述

在滚动条的控制下，文本框中的字可以发生颜色和大小的变化，并将变化的信息在标签上给出提示。

任务要求

掌握水平滚动条的属性和事件应用。

任务操作要点

（1）界面设计如图 5-14 所示。

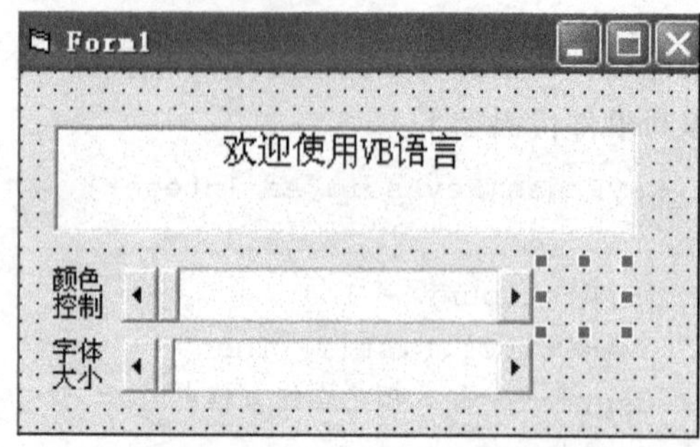

图 5-14　滚动条应用的设计界面

在窗体上添加 1 个文本框、4 个标签和 2 个滚动条。其属性设置如表 5-3 所示。

表 5-3　属性设置

控件名称	属　　性	属　性　值
Text	Text	欢迎使用 VB 语言
Label1	Caption	颜色控制
Label2	Caption	字体大小
Label3	Caption	空
Label4	Caption	空
HScroll1	Min	0
	Max	15
HScroll2	Min	0
	Max	64

（2）打开代码窗口，编写事件代码如下：

```
Private Sub HScroll1_Change()
  Text1.ForeColor=QBColor(HScroll1.Value)
  Label3.Caption=HScroll1.Value
End Sub

Private Sub HScroll2_Change()
  Text1.FontSize=HScroll2.Value
  Label4.Caption=HScroll2.Value
End Sub
```

（3）运行工程，效果如图 5-15 所示。

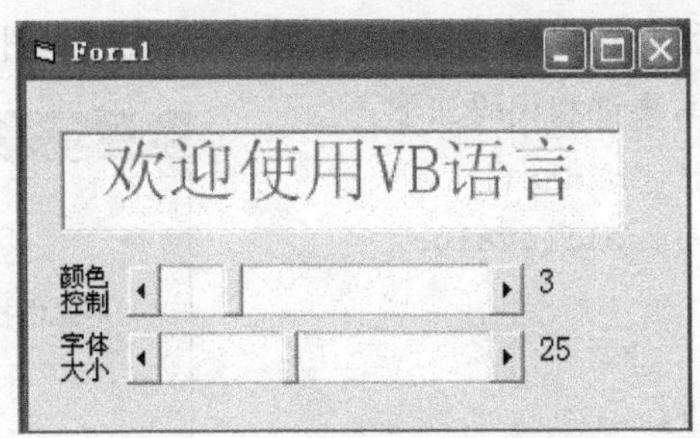

图 5-15　滚动条应用效果图

提 示

注意滚动条的属性最大（Max）和最小（Min）的应用。

相关知识

1. 滚动条控件

滚动条控件包括两种：水平滚动条控件（HScrollBar）和垂直滚动条控件（VScrollBar）。对于水平滚动条来说左边是最小值，右边为最大值。

2. 主要属性

① Max 属性：设置滚动条值的最大范围，默认值是 32767。

② Min 属性：设置滚动条值的最小值，默认值是 0。

③ Value 属性：表示滚动条在滚动块所在的当前位置，范围在 Max 和 Min 之间。

④ Smallchange 属性：单击滚动条两端箭头，来表示增加或减少的单位值，默认值为 1。

⑤ Largechange 属性：单击滚动条的空白处，滚动条移动的增减单位值，默认值为 1。

3. 主要事件

① Scroll 滚动时所触发的事件。

② Change 在滚动条的位置改变时或是通过代码改变 Value 属性的设置时，都会触发 Change 事件。

任务 2　滚动条控件的使用——屏保程序

任务描述

设计一个简单的屏保程序。文字可以从上至下运动，速度由垂直滚动条的控制。

任务要求

学会垂直滚动条的属性和事件。

任务操作要点

（1）在窗体上添加 1 个时钟（Enabled 属性值为 True，Interval 属性值为 0）、1 个垂直的滚动条（Max 属性值为 500）和 1 个标签，修改其属性，界面设计如图 5-16 所示。

（2）打开代码窗口，编写事件和代码如下：

```
Private Sub VScroll1_Change()
  Timer1.Interval=VScroll1.Value
End Sub

Private Sub Timer1_Timer()
  If Label1.Top<=Form1.Height Then
     Label1.Top=Label1.Top+100
  Else
     Label1.Top=100
  End If
End Sub
```

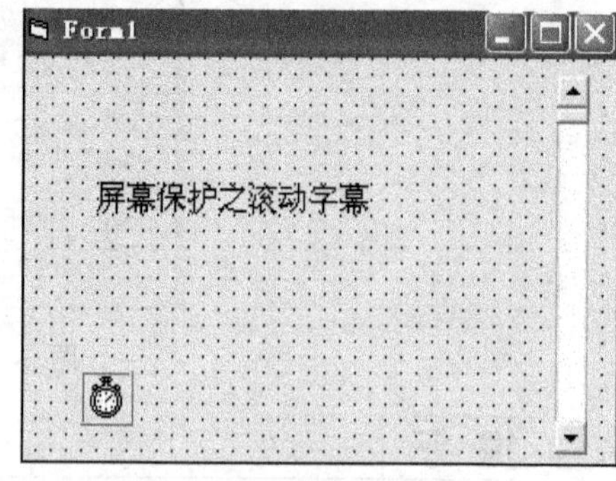

图 5-16　屏保的设计界面

相关知识

（1）垂直滚动条和水平滚动条的属性和事件是一样的，但是，对于垂直滚动条，顶端为最小值，下端为最大值。

（2）如果让屏幕的视觉效果更加美观，可以设置当程序运行时，移动滚动条后，将垂直滚动条自动隐藏。修改程序代码如下：

```
原代码: Private Sub VScroll1_Change()
          Timer1.Interval=VScroll1.Value
        End Sub
修改后代码: Private Sub VScroll1_Change()
              Timer1.Interval=VScroll1.Value
              VScroll1.Visible=False
            End Sub
```

5.6　拓 展 练 习

任务 1　强化列表框的应用——选课程序

任务描述

（1）制作选课程序，界面设计如图 5-17 所示。

（2）窗体包含两个列表框。左边列表框中列出若干备选的课程名称。

当双击某个课程名称时，这个课程将出现在右边的列表框中。其中备选课程名称是在程序运行时添加到列表框中的。单击“统计”按钮可以显示所选的课程的数量；单击“清除”按钮，则可以重选。

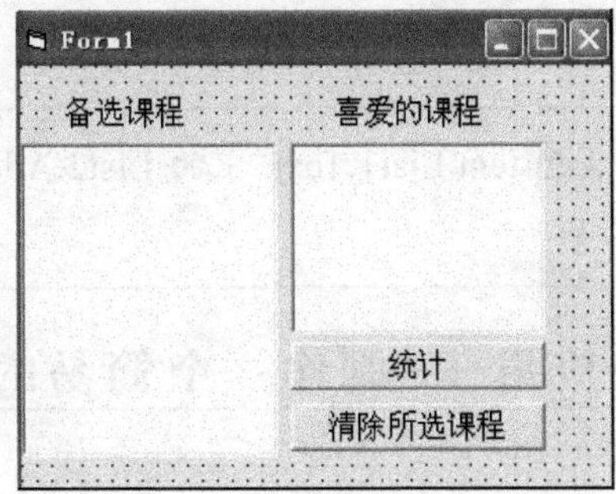

图 5-17　课程选择的设计界面

任务要求

强化列表框的应用。

任务操作要点

打开代码窗口，编写事件代码如下：

```
Private Sub Command1_Click()
  MsgBox "一共选了" & List2.ListCount & "课程", , "信息提示"
End Sub

Private Sub Command2_Click()
  List2.Clear
End Sub

Private Sub Form_Load()
  List1.AddItem "多媒体技术"
  List1.AddItem "网络原理 "
  List1.AddItem "专业英语"
  List1.AddItem "计算机应用基础"
  List1.AddItem "程序语言设计"
  List1.AddItem "网页设计"
  List1.AddItem "动漫设计"
  List1.AddItem "计算机组装与维护"
End Sub

Private Sub List1_DblClick()
  Dim i As Integer
  Dim j As Integer
  j=List2.ListCount
  For i=0 To j-1
  If List2.List(i)=List1.Text Then Exit For
  Next i
If i=j Then List2.AddItem List1.Text
End Sub
```

提 示

语句：If i = j Then List2.AddItem List1.Text 中的 List2.AddItem List1.Text 的含义是在 List2 上添加与 List1 一样的文本。

任务 2　多分支语句的应用——制作一个简易的超市收银台

任务描述

（1）界面设计如图 5-18 所示。

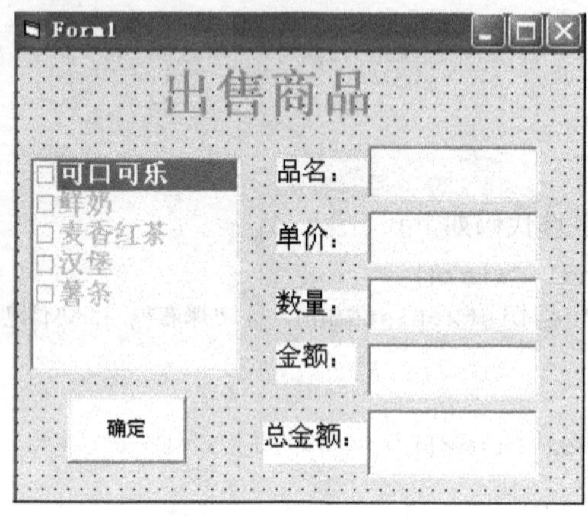

图 5-18　设计界面

（2）在列表框中，选中任意商品，即可在右侧的“品名”文本框中显示。在“单价”和“数量”文本框中输入当前商品的数量和单价，单击“确认”按钮，在“总金额”文本框中显示总金额。

任务要求

强化 Select case 语句的应用，能够熟练使用列表框解决问题。

任务操作要点

打开代码窗口，编写事件和代码如下：

```
Private Sub Command1_Click()
  Text4.Text=Val(Text2.Text)*Val(Text3.Text)
  Text5.Text=Val(Text5.Text)+Val(Text4.Text)
End Sub

Private Sub List1_Click()
  Select Case List1.ListIndex
  Case 0
      Text1.Text="可口可乐"
      Text2.Text="5￥"
```

```
    Text3.Text=""
    Text4.Text=""
    Case 1
       Text1.Text="鲜奶"
       Text2.Text="2￥"
       Text3.Text=""
       Text4.Text=""
    Case 2
       Text1.Text="麦香红茶"
       Text2.Text="7￥"
       Text3.Text=""
       Text4.Text=""
    Case 3
       Text1.Text="汉堡"
       Text2.Text="15￥"
       Text3.Text=""
       Text4.Text=""
    Case 4
       Text1.Text="薯条"
       Text2.Text="10￥"
       Text3.Text=""
       Text4.Text=""
    End Select
End Sub
```

提　示

（1）列表框的 style 属性设置为 1—check。即可在文本前加上方框。

（2）语句 Select Case List1.ListIndex，其中，List1.ListIndex 作为 Select Case 的测试表达式，其表达式的值从 0 开始。

任务 3　滚动条的综合应用——摇奖机的制作

任务描述

（1）界面设计如图 5-19 所示。

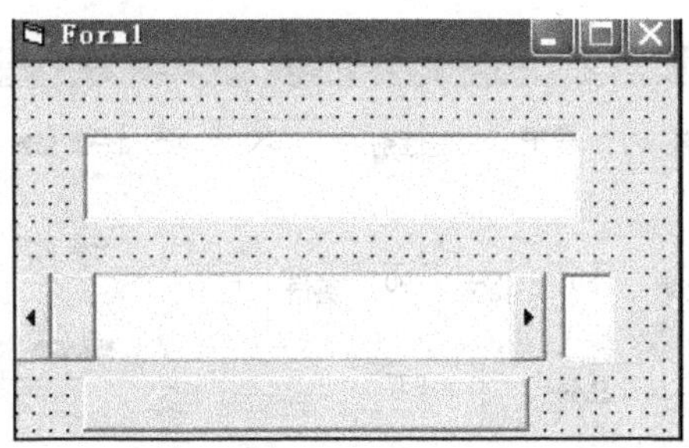

图 5-19　摇奖机设计界面

（2）设计一个摇奖机。

单击命令按钮，可以在 Text1 中显示出随机抽取的数字。而 Text2 显示随机抽取的数字的位数，而数字的位数由水平滚动条控制。

任务要求

强化滚动条的应用。

任务操作要点

打开代码窗口，编写事件和代码如下：

```
Private Sub Command1_Click()
   Dim a As Integer
   Dim b As String
   Dim i As Integer
   b=""
   For i=1 To HScroll1.Value
   a=9*Rnd
   b=b+Str(a)
   Next i
   Text1.Text=b
   Text2.Text=HScroll1.Value
End Sub

Private Sub Form_Load()
   Text2.Text=HScroll1.Value
End Sub
```

提 示

水平滚动条的 Min 设置成 1，Max 设置成 10。

任务 4　强化数组的应用——浏览学生成绩

任务描述

（1）界面设计，其中 6 个文本框是通过 Text1 的复制、粘贴而组成的文本框数组，如图 5-20 所示。

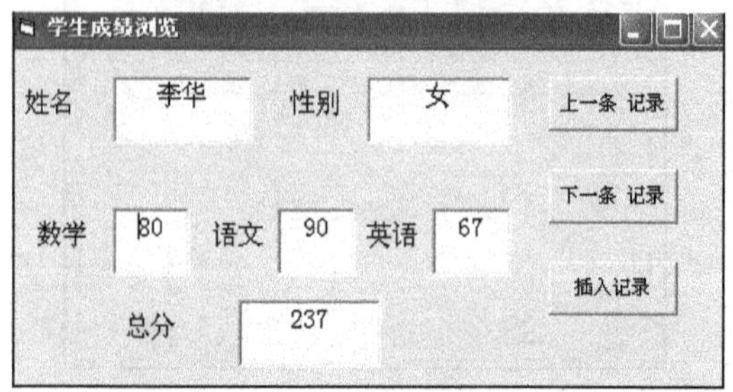

图 5-20　浏览学生成绩的设计界面

（2）设计一个可以浏览学生成绩的程序。用户可以通过单击“上一条记录”按钮和“下一条记录”按钮，浏览到学生的成绩记录。

任务要求

强化二维数组的应用。

任务操作要点

打开代码窗口，编写事件代码如下：

```
Dim s(50, 6) As Variant
Dim p As Integer                          ' p位置的定义

Private Sub Command1_Click()
  Dim i As Integer
  p=p-1
  For i=0 To 5
    Text1.Item(i).Text=s(p,i+1)
  Next i
End Sub

Private Sub Command2_Click()
  Dim i As Integer
  p=p+1
  For i=0 To 5
    Text1.Item(i).Text=s(p,i+1)
  Next i
End Sub

Private Sub Command3_Click()
  Dim i As Integer
  For i=0 To 5
    s(p,i+1)=Text1.Item(i).Text             '将5个Text1中输入的数据赋值给数组s。
  Next i
  s(p,6)=Val(s(p,3))+Val(s(p,4))+Val(s(p,5))
                                          'Val函数是将字符串转换为数值型数据。
  Text1.Item(i-1).Text=s(p,6)             '将数组s(p, 6)赋值给第6个Text1文本框。
  p=p+1                                   '插入一组新的数据后，p的值增加1。
End Sub

Private Sub Form_Load()
  Dim a As Integer
  s(1,1)="李华"
```

```
  s(1,2)="女"
  s(1,3)=80
  s(1,4)=90
  s(1,5)=67
  s(1,6)=s(1,3)+s(1,4)+s(1,5)
  s(2,1)="王鹏"
  s(2,2)="男"
  s(2,3)=70
  s(2,4)=100
  s(2,5)=59
  s(2,6)=s(2,3)+s(2,4)+s(2,5)
  p=1
  For i=0 To 5
    Text1.Item(i).Text=s(p,i+1)
  Next i
End Sub
```

提 示

（1）程序在初始化过程中只添加了两条学生记录。

（2）设置 Text1 文本框的属性时，其中，Font 属性中的文字大小为“小四”，Alignment 属性值为“2-Center”。

（3）当输入数据时注意，首先在空的 5 个文本框中输入数据，然后单击“插入记录”命令按钮，此时才能显示“总分”文本框的值。

任务 5 强化数组的应用——红绿蓝交替闪烁的流水灯

任务描述

（1）制作流水灯程序，界面设计如图 5-21 所示。

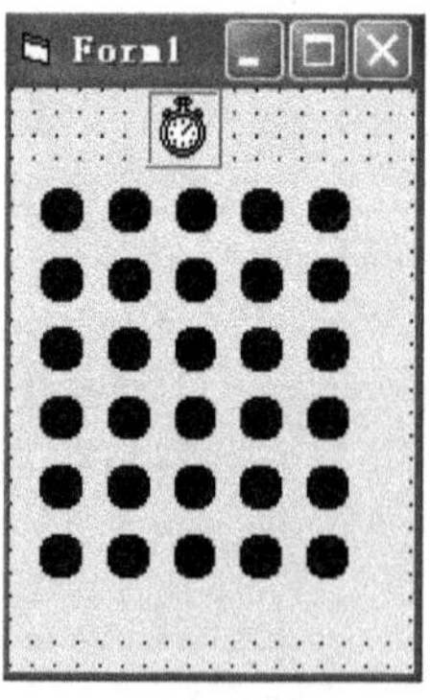

图 5-21 流水灯的设计界面

（2）制作红绿蓝交替闪烁的流水灯效果。流水灯是 Shape1 控件的属性设置，如表 5-4 所示。

表 5-4　属性设置

控件名称	属　性	属　性　值
Shape1	Shape	3-Circle
	FillStyle	0-Solid
Timer1	Interval	100

任务要求

强化控件数组的应用。

任务操作要点

打开代码窗口，编写事件代码如下：

```
Private Sub Form_Load()
  i=0
  For J=0 To 9
      Shape1(J*3).FillColor=vbRed
      Shape1(J*3+1).FillColor=vbGreen
      Shape1(J*3+2).FillColor=vbblue
  Next J
End Sub

Private Sub Timer1_Timer()
  Static i
  If i=30 Then
     i=0
  End If
     i=i+1
  For J=0 To 29
     Shape1(J).Visible=False
  Next J
  If i Mod 3=2 Then
     For J=0 To 9
     Shape1(J*3+1).Visible=True
     Next J
  ElseIf i Mod 3=0 Then
     For J=0 To 9
     Shape1(J*3+2).Visible=True
     Next J
  Else
     For J=0 To 9
       Shape1(J*3).Visible=True
     Next J
  End If
End Sub
```

提 示

（1）本案例中的流水灯是建立了 Shape1 的控件数组形成的，先设定好第一个 Shape1 的属性，反复粘贴建立其他 29 个 Shape 控件，将这 30 个 Shape 控件按顺序排成一个矩形方框。

（2）3 种颜色形成了流水灯的闪烁，所以，程序中的

语句：i Mod 3=2

语句：i Mod 3=0

都是取 3 的余数。

思考与练习

（1）闪动的字幕，在 Label1 中输入“欢”字，通过复制、粘贴操作得到“迎”、“光”、“临”三个字，设计字体、大小和颜色。要求“欢迎光临”4 个字，在时钟的控制下，循环地逐个输出，如图 5-22 所示。

（2）设计一个程序，实现学生成绩的输入和显示输出。使用 Inputbox 函数输入成绩并用一维数组存储。

（3）使用控件数组编程，功能是在文本框里可以记录下每个被单击的数字。

添加一个命令按钮，复制粘贴 11 次，标题属性分别设置为 0、1、2、3、4、5、6、7、8、9、清空和* 。界面设计如图 5-23 所示。

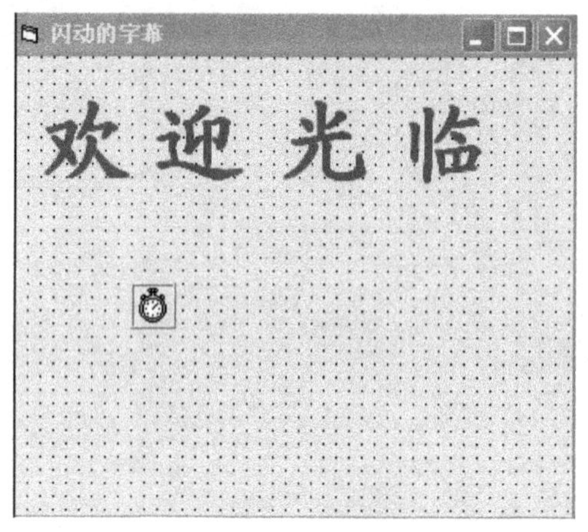

图 5-22　闪动的字幕设计界面

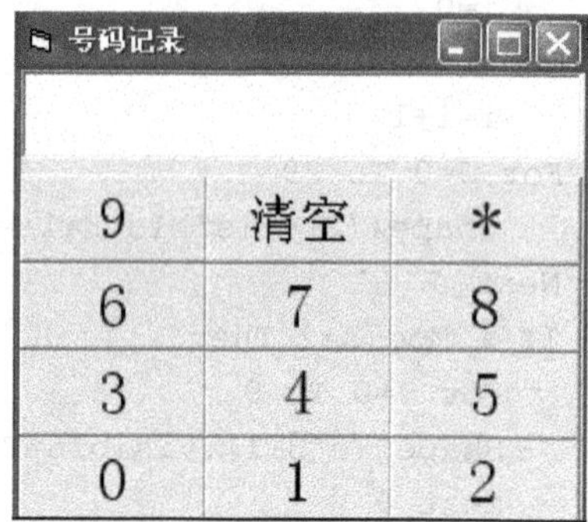

图 5-23　号码记录的设计界面

提 示

“清空”按钮的 Index 属性是 10。Command1(Index).Caption 代表了每个命令按扭，简化了程序。

第 6 章 Visual Basic 过程与函数设计

6.1 认识过程

任务 1 了解 Sub 子过程

任务描述

（1）分别单击 Label1 和 Label2，完成相同的字体格式设置。

（2）运行界面如图 6-1 所示。

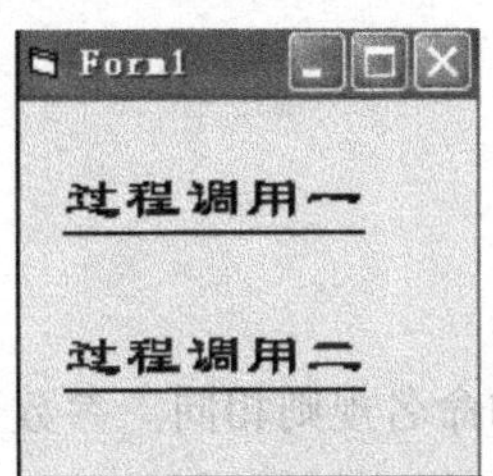

图 6-1 sub 调用的运行界面

任务要求

了解 Sub 过程，简化程序的作用。

任务操作要点

打开代码窗口，编写事件代码如下：

```
Private Sub abc(n As Control)          '自定义过程 abc
  n.FontName="隶书"
  n.FontSize=16
  n.FontUnderline=True
End Sub

Private Sub Label1_Click()
  Call abc(Label1)                     '调用 abc 过程
```

```
End Sub

Private Sub Label2_Click()
   Call abc(Label2)                        '调用 abc 过程
End Sub
```

提 示

（1）标签的原有字体格式可以自定。

（2）单击 Label1，将参数 Label1 传给变量 n，Label1 的字体格式设置由自定义过程 abc 来完成。

（3）单击 Label2，将参数 Label2 传给变量 n，Label2 的字体格式设置由自定义过程 abc 来完成。

相关知识

1. 自定义 Sub 过程

（1）格式：

```
[Static] [Public] [Private] Sub 子过程名 [（参数列表）]
      语句组
   [Exit Sub]
      语句组
  End Sub
```

（2）说明：

- 子过程名的命名规则和变量的命名规则相同。参数也称为形参，定义子过程也可以无参数。
- [Exit Sub]：表示退出子过程，它是子过程中可以出现的一种特殊语句。
- [Static]：表示子过程中的所有局部变量为静态变量。
- [Public]：表示公共的，即共有的。
- [Private]：表示局部的，即私有的。

2. 子过程的调用

（1）作为一个独立的语句，其格式有两种：

- 格式 1：

```
Call 子过程名 [（参数列表）]
```

- 格式 2：

```
子过程名 参数列表
```

（2）说明：

- 若使用 Call 关键字，参数必须写在括号内；若省略 Call 关键字，则也必须省略参数两边的括号。
- 实际参数可以是常量、变量或表达式，各参数之间使用逗号隔开。

任务 2　建立、调用 Sub 子过程——数值交换

任务描述

（1）在文本框中分别输入两个数值，单击命令按钮，利用 sub 过程调用，完成两个数值的交换。

（2）运行界面如图 6-2 所示。

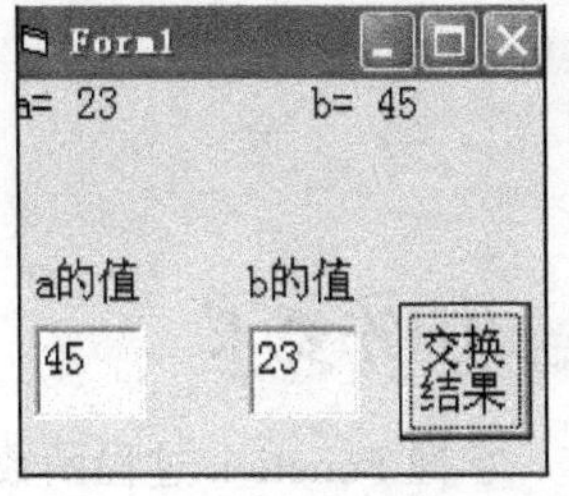

图 6-2　数值交换的运行界面

任务要求

掌握自定义 Sub 子程序过程的语法、定义方法，学会调用 sub 过程。

任务操作要点

打开代码窗口，编写事件代码如下：

```
Public Sub jh2(x As Integer, y As Integer)  '自定义过程 jh2
Dim i As Integer                            '定义中间变量 i
   i=x
   x=y
   y=i
End Sub

Private Sub Command1_Click()
  Dim a As Integer
  Dim b As Integer
  a=Val(Text1.Text)            '将 Text1 的值传给 a
  b=Val(Text2.Text)            '将 Text2 的值传给 b
  Call jh2(a, b)               '调用自定义过程 jh2，并将 a 传给 x,b 传给 y
  Print "a=";a,"b=";b
End Sub
```

提 示

两个变量之间交换值，需要一个中间变量。本任务中变量 i 是中间变量。

6.2　Function 函数过程的认识

任务 1　了解 Function 函数子过程

任务描述

（1）求两个数的公约数。

（2）运行结果如图 6-3 所示。

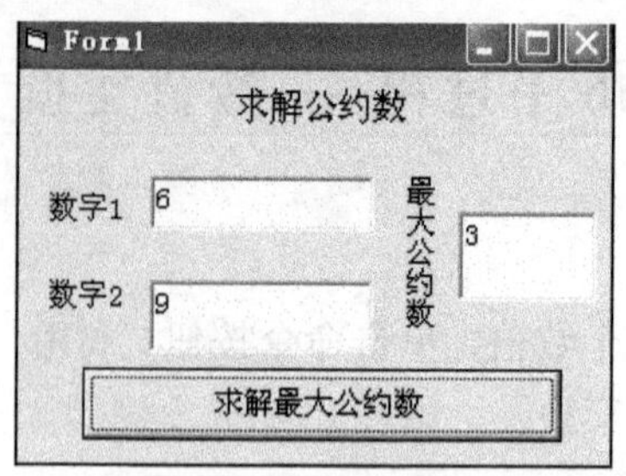

图 6-3　求最大公约数的运行界面

任务要求

掌握 Function 过程函数的语法、定义方法，学会调用 Function 过程函数。

任务操作要点

打开代码窗口，编写事件代码如下：

```
Private Sub Command1_Click()
Dim i As Long
Dim j As Long
  i=Val(Text1.Text)
  j=Val(Text2.Text)
  Text3.Text=gys(i,j)   '调用 Function 过程函数 gys，并将函数值赋给文本框 Text3
End Sub

Public Function gys(ByVal a As Integer, ByVal b As Integer) As Integer
  r=a Mod b
  Do While r<>0
     a=b
     b=r
     r=a Mod b
  Loop
     gys=b
End Function
```

提 示

（1）语句 Text3.Text = gys(i, j) 的功能是将过程函数 gys 的参数 i、j 的值分别传给变量 a、b，在 Function 过程函数中，求出其函数值后，再返回该调用语句，并将其赋值给文本框 Text3。

（2）Function 过程函数 gys 的作用是求任意两个数的最大公约数。

相关知识

1. Function 过程函数

（1）格式：

```
[Public] [Private] Function 函数过程名 [(形式参数表)] [As 类型]
```

```
  语句组
    [Exit Function]
  语句组
 End Function
```

（2）说明：

- [As 类型]为函数返回值的类型，若省略，则返回变体类型值。
- 在函数体内至少对函数名进行一次赋值操作，例如：gys = b。
- 使无参数，函数过程名后的括号也不能省略。
- 参数可以是常量、变量或表达式，各参数之间使用逗号隔开。

2．函数过程的调用

（1）调用的格式：

```
控件名 = 函数过程名 ([参数列表])
```

（2）说明：

由于函数过程返回一个值，所以，函数过程不能作为单独的语句加以调用，被调用的函数必须是表达式或表达式中的一部分，再配以其他的语法成分构成语句。

任务 2　建立 Function 函数子过程——计算 1+2+3+…+*n*

任务描述

（1）在文本框 Text1 中输入一个正整数，并将其值赋给变量 n，然后，通过 Function 函数 sum 求 1+2+…+ *n* 的和，再返回调用语句，并将函数值输出到文本框 Text2 中。

（2）运行结果如图 6-4 所示。

图 6-4　Function 过程求和

任务要求

学会调用 Function 过程。

任务操作要点

打开代码窗口，编写事件代码如下：

```
Private Sub Command1_Click()
  Dim n As Integer
  n=Val(Text1.Text)
  Text2.text=sum(n)        '调用 Function 过程函数 sum，并将函数值传给文本框 Text2
End Sub
```

```
Private Function sum(n As Integer)
  Dim t As Integer
  Dim s As Integer
  s=0
  For t=1 To n
    s=s+t
  Next t
    sum=s
End Function
```

提 示

函数过程名定义为 sum，带有一个形式参数 n。

任务 3　强化建立 Function 函数子过程

任务描述

（1）查找字符串中相应字符的出现次数。在 Text1 中输入一串字符，Text2 中输入要查找的字符，可以在 Text3 中显示出相应字符的出现次数。

（2）运行结果如图 6-5 所示。

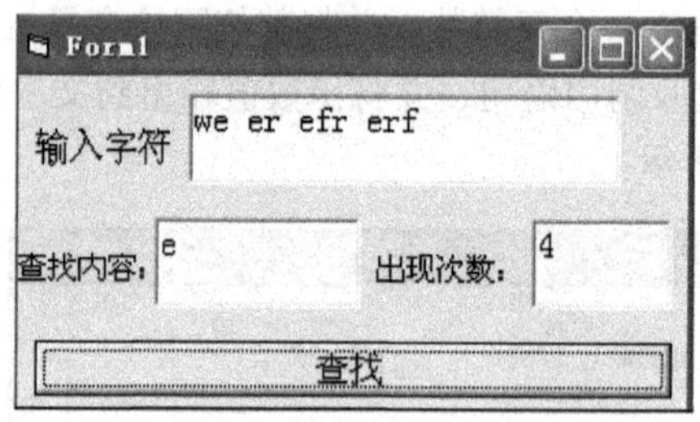

图 6-5　查找字符的运行界面

任务要求

强化 Function 过程函数的调用。

任务操作要点

打开代码窗口，编写事件代码如下：

```
Private Sub Command1_Click()
  Text3.Text=search(Text1, Text2)
End Sub

Private Function search(a As String, b As String) As Integer
  Dim t As Integer
  Dim i As Integer
```

```
    t=0
    i=InStr(a, b)               '从第 1 个字符开始，查找字符串 b 在字符串 a 中的位置。
    Do While i <> 0
      t=t+1                     '统计字符串 b 在字符串 a 中的个数。
      i=InStr(i+Len(b), a, b)   '从 i + Len(b)的字符位置开始，查找字符串 b 在
                                字符串 a  中的位置。
    Loop
      search=t
End Function
```

提 示

函数过程名定义为 search，带有两个形式参数（a As String, b As String），a、b 都是字符类型变量。

相关知识

系统函数 InStr()

（1）函数格式：

InStr ([起始位置], 字符串 1,字符串 2)

（2）函数功能：从起始位置开始，在字符串 1 中查找字符串 2，如果找到，返回找到的首字符位置；若没有找到，则返回 0。

如果省略了起始位置，则从第 1 个字符开始。

6.3 拓 展 练 习

任务 1 强化 sub 子过程——求三个数中的最大数

任务描述

（1）利用 sub 过程，完成并显示出三个整数中的最大数。

（2）运行效果如图 6-6 所示。

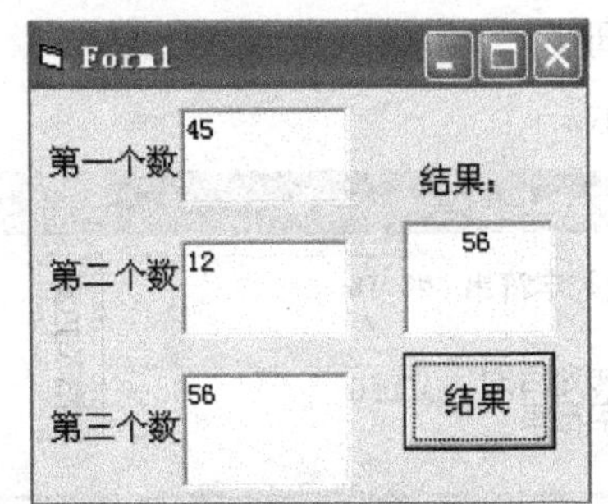

图 6-6 最大值的运行界面

任务要求

强化 Sub 过程中的实际参数的应用，学会调用 sub 过程。

任务操作要点

打开代码窗口，编写事件代码如下：

```
Private Sub tmax(x As Integer, y As Integer, z As Integer)
  Dim max As Integer
  max=x
  If max<y Then max=y
  If max<z Then max=z
     Text4.Text=max
End Sub

Private Sub Command1_Click()
  Dim i As Integer, t As Integer, k As Integer
  i=Val(Text1.Text)
  t=Val(Text2.Text)
  k=Val(Text3.Text)
  Call tmax(i, t, k)
End Sub
```

提 示

（1）程序 tmax(i, t, k)中，tmax 是子过程名，它包括三个实际参数 i、t、k。

（2）Text4.Text = max 的功能是直接将结果在 Text4 中显示出来。

任务 2 强化 Function 过程函数的应用——小写字母转变为大写字母

任务描述

（1）在文本框（Text1）中，输入任意小写的字符串，当单击“调用过程”命令按钮时，则文本框（Text2）中显示大写字母。

（2）运行结果如图 6-7 所示。

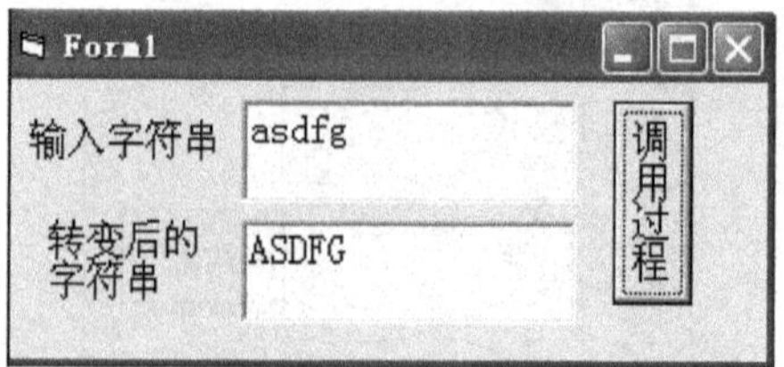

图 6-7 字母大写的运行界面

任务要求

强化 Function 过程的应用。

任务操作要点

打开代码窗口，编写事件代码如下：

```
Function fun(s As String)
  Dim s1 As String
  For i=1 To Len(s)                  'Len(s)函数的功能是求字符串 s 的长度。
    s1=s1+UCase(Mid(s,i,1))          '在字符串 s 中的第 i 个位置取 1 个字符，并将其转换成大写字母。
  Next i
    fun=s1
End Function

Private Sub Command1_Click()
  Dim str1 As String, str2 As String
  str1=Text1.Text
  str2=fun(str1)
  Text2.Text=str2
End Sub
```

提 示

函数过程定义 Function fun(s As String)，fun 为过程名，s 为参数，数据类型为字符型。

相关知识

1. Mid()函数

（1）格式：

Mid（字符串，起始位置[,长度]）

（2）功能：在字符串中，从字符串的某个位置开始，按照长度，取子字符串。

Mid 有 3 个参数。

- 字符串参数是要从哪个字符串中取。
- 起始位置参数是指从第几个字符开始取。
- 长度参数是指取几个字符。

例如：Mid("aabbcc",3,2)就是指从“aabbcc”的第 3 个字符开始，取 2 个字符，因此，返回值为“bb”。

2. Ucase()函数

（1）格式：

Ucase(字符串)

（2）功能：将字符串中的小写字母转换成大写字母，并返回。.

任务 3　强化 Function 过程的应用

任务描述

（1）在文本框 Text1 中输入一个正整数，传给 sum 函数中的参数 n，通过 Function 函数 sum 求 1+1/2+1/3+…+1/*n* 的和，再返回调用语句，并将函数值输出到文本框 Text2 中。

（2）运行结果如图 6-8 所示。

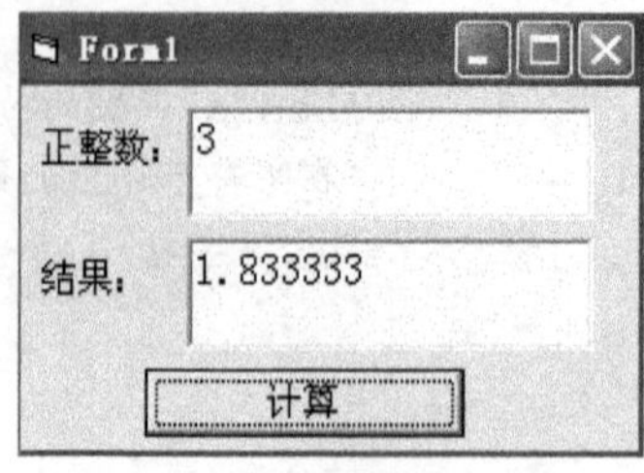

图 6-8　求和的运行界面

任务要求

强化 Function 过程的调用。

任务操作要点

打开代码窗口，编写事件代码如下：

```
Private Sub Command1_Click()
  Text2=sum(Val(Text1.Text))
End Sub

Private Function sum(n As Integer)
  Dim t As Integer
  Dim s As Single
  s=0
  For t=1 To n
    s=s+1/t
  Next t
    sum=s
End Function
```

提　示

语句 s = s + 1 / t 是累加器，求 s 的和。

任务 4　Sub 子过程的应用——五彩同心圆

任务描述

（1）在文本框中输入同心圆的个数后，单击“画圆”命令按钮，即可画出五彩同心圆。

（2）运行界面如图 6-9 所示。

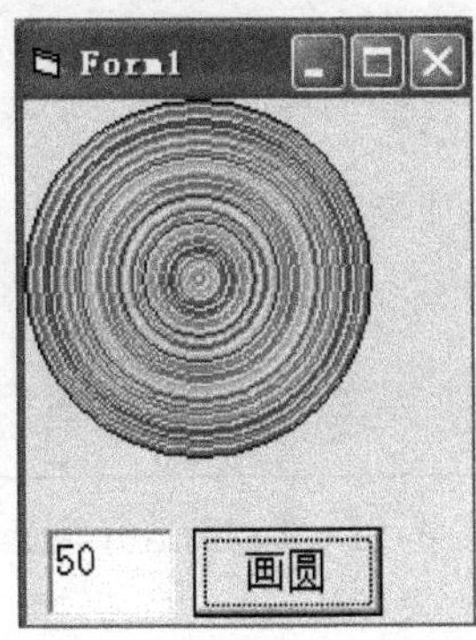

图 6-9 画圆的运行界面

任务要求

学会建立 Sub 子过程，应用子过程和函数完成相关案例。

任务操作要点

打开代码窗口，编写事件代码如下：

```
Sub cir(n As Integer)
Randomize
For i=1 To n
  r=256*Rnd
  g=256*Rnd
  b=256*Rnd
  Me.Circle (1000,1000),20*i,RGB(r,g,b)
  Next i
End Sub

Private Sub Command1_Click()
  Call cir(Val(Text1.Text))
End Sub
```

提 示

Randomize 是随机语句。它的作用是使随机产生的值不重复。

思考与练习

（1）使用 Sub 过程的方法编程。在文本框中输入彩线的个数后，单击“画彩线”命令按钮，即可画出彩虹，程序界面如图 6-10 所示。

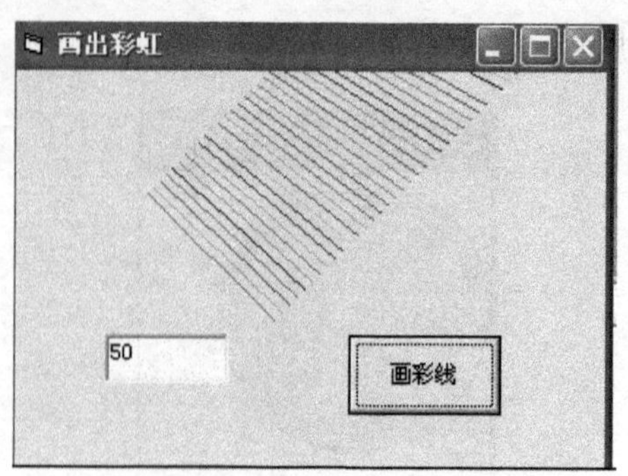

图 6-10　彩虹的运行界面

提　示

画线的命令是 line(起点 x, 起点 y)–（终点 x, 终点 y）。

（2）使用 Function 过程函数的方法编程。在文本框（Text1）中，输入任意大写的字母，当单击“调用过程”命令按钮时，则文本框（Text2）中显示小写字母。

（3）使用 Sub 过程的方法编程。分别单击 Text1 和 Text2，完成相同的字体格式设置。字体、字号自定。

（4）使用 Sub 过程的方法编程。求任意三个数中最小数。

第7章 Visual Basic应用程序界面设计

7.1 认识菜单

任务1 了解菜单

任务描述

启动Visual Basic 6.0程序，观察Visual Basic 6.0界面中的菜单部分，描述菜单的组成。

任务要求

通过观察菜单，了解菜单的组成部分和菜单的作用。

相关知识

1．菜单的组成部分

菜单通常由以下几部分组成，请填写表7-1。

表7-1　菜单的组成

项　　目	功　　　　能	举　　例
菜单标题	菜单栏中菜单的名称。	
菜单项	菜单标题下的选项，当选中了某个菜单项时，可能会执行一个命令，也可能是执行了一个过程或函数，也可能是打开下一级子菜单。	
子菜单	选择带“▸”符号的菜单项时，就会打开一个新的菜单，这个新菜单就叫作子菜单，子菜单仍可包含下级子菜单。	
分割线	用来为菜单中内容相近的菜单项进行逻辑分组。	
快捷键	有些菜单项右侧有快捷键，通过使用快捷键用户可以快速执行菜单项的命令。	
访问键	菜单项中带下画线的字母，即是该菜单项的访问键，用户通过同时按下【ALT】键和预先定义的访问键即可执行该菜单项。	

2．菜单的作用

- 提供良好的用户界面。
- 优化程序界面。
- 为用户提供更简捷的操作。

任务 2　菜单编辑器的使用

任务描述

设计一个菜单、菜单标题及其各菜单项如表 7-2 所示。运行结果如图 7-1 所示。

表 7-2　菜单的组成

菜单标题	文 件	编 辑
菜单项	新建 保存 退出	复制 粘贴

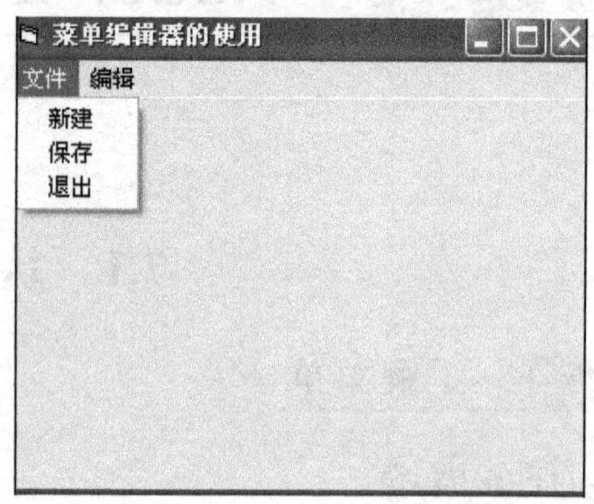

图 7-1　运行结果

任务要求

学会使用菜单编辑器。

任务操作要点

（1）打开窗体，进行属性设置，如表 7-3 所示。

表 7-3　窗体的设置

控件名称	属　性	属 性 值
Form1	Caption	菜单编辑器的使用
	（名称）	Form1

（2）打开菜单编辑器设置菜单的属性，如表 7-4 所示，设置后的效果，如图 7-2 所示。

表 7-4　菜单的组成

标题（P）	名称（M）
文件	MnuFile
....新建	FileNew
....保存	FileSave
....退出	FileExit
编辑	MnuEdit
....复制	EditCopy
....粘贴	EditPaste

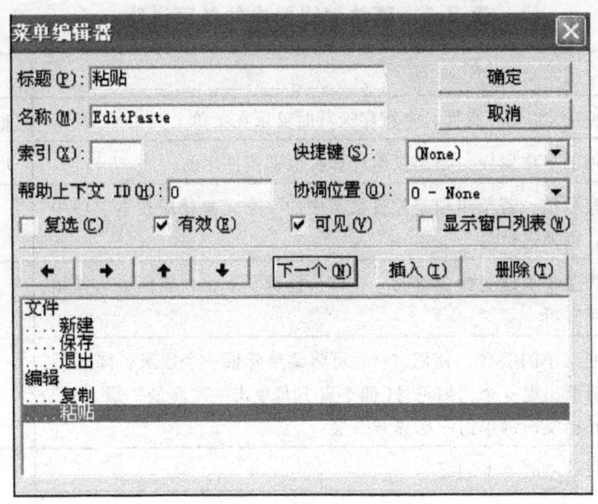

图 7-2　运行结果

提 示

（1）调用“菜单编辑器”。在 Visual Basic 6.0 中，选择“工具”→“菜单编辑器”命令，即可调用。

（2）菜单项的建立。在编辑器中，单击“下一个”按钮，光标下移，在标题栏中输入名称。然后，单击 ➜ 按钮，则“新建”即可成为“文件”菜单下的一个菜单项。

（3）“菜单编辑器”中所定义的菜单标题和菜单项都看作是控件，功能相当于命令按钮，我们可以定义它的各种属性。

相关知识

菜单编辑器界面如图 7-3 所示，菜单编辑器中的各项说明，如表 7-5 所示。

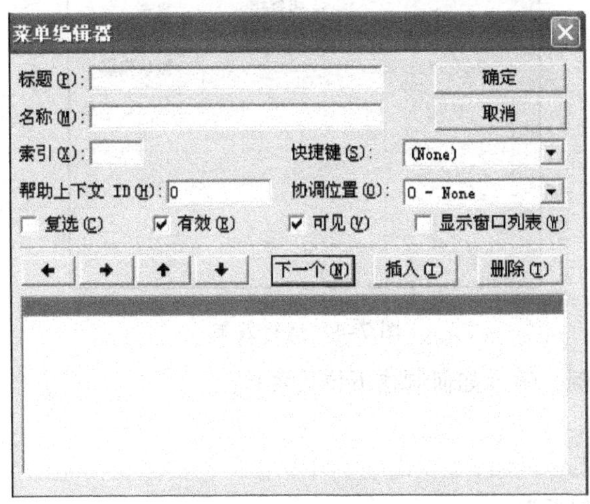

图 7-3　菜单编辑器

表 7-5　菜单编辑器中的各项说明

选　项	功　　能	特　点
标题	相当于控件的 Caption 属性，是程序运行时显示在菜单上的说明文字	此项为必填项
名称	相当于控件的名称属性，是提供给计算机识别控件用的	此项为必填项
索引	必须是整数值，若菜单项是控件数组中的一个元素就应在索引项中给其赋值，以便进行区分	
快捷键	当需要为菜单项设置快捷键时，在“快捷键”下拉列表框中选择相应的快捷键即可	
“←”“→”	用来改变菜单的层次。使用“→”可将菜单降低一个层级，降低后的菜单项前面出现一个内缩符号(四个点)。每单击一次降低一层。“←”的作用正好相反，每单击一次提升一层	
“↑”“↓”	用来改变菜单项的上下顺序	
下一个	单击该按钮可以创建新的菜单控件编辑	
插入	单击该按钮可以在选中的条目上方添加新的菜单控件	
删除	单击该按钮可以删除选中的菜单控件	

7.2　菜单的使用

任务 1　了解下拉式菜单

任务描述

设计一个下拉菜单。菜单运行效果，如图 7-4 所示。

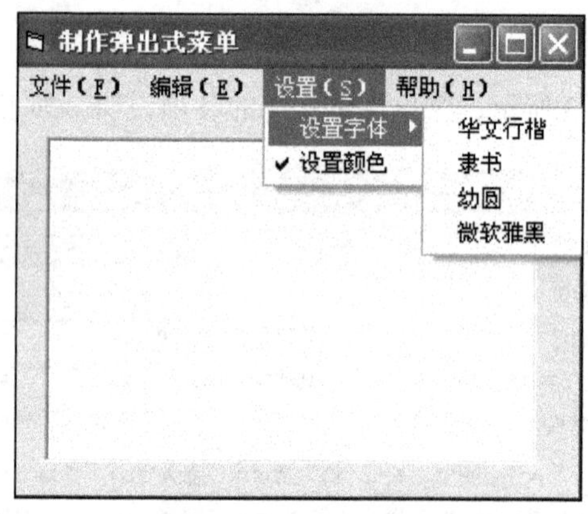

图 7-4　运行效果

任务要求：通过本例，学会如何制作下拉式菜单。

任务操作要点

（1）打开“菜单编辑器”。

（2）在“菜单编辑器”中，设置菜单标题及各菜单标题下菜单项的属性，如表 7-6 所示。

表 7-6　菜单及菜单项的属性设置

标题（P）	名称（M）	访 问 键	快 捷 键
文件	MnuFile	F	
....新建	FileNew		Ctrl+N
....打开	FileOpen		Ctrl+O
....保存	FileSave		Ctrl+S
....-	menuEditBar		
....退出	FileExit		
编辑	MnuEdit	E	
....剪切	EditCut		Ctrl+X
....复制	EditCopy		Ctrl+C
....粘贴	EditPaste		Ctrl+V
设置	MnuSet	S	
....设置字体	SetFont		
........华文行楷	XingKai		
........隶书	LiShu		
........幼圆	YouYuan		
........微软雅黑	YaHei		
....设置颜色	SetColor		
帮助	MnuHelp	H	

提 示

（1）设置分隔线的标题属性时，应在英文半角状态下输入字符“-”。

（2）名称属性不能为空。

（3）每个菜单项都相当于一个命令按钮，用户可为每个菜单项添加相应的 Click 事件来实现菜单项的功能。

相关知识

1. 设置多级子菜单的方法

例如：“保存”是一级菜单，如图 7-5 所示。如果单击“➔”按钮两次，就会出现两个内缩符号，表示该项为二级子菜单，依此类推可生成三级、四级等子菜单。每单击“←”按钮一次，可以消除一个内缩符号，如图 7-5 所示。

2. 设置快捷键的方法

通过使用菜单编辑器中的“快捷键”功能可以定义菜单项的快捷键，具体方法如图 7-6 所示。在“快捷键”的下拉列表框中选择“None”选项，即可清除快捷键。

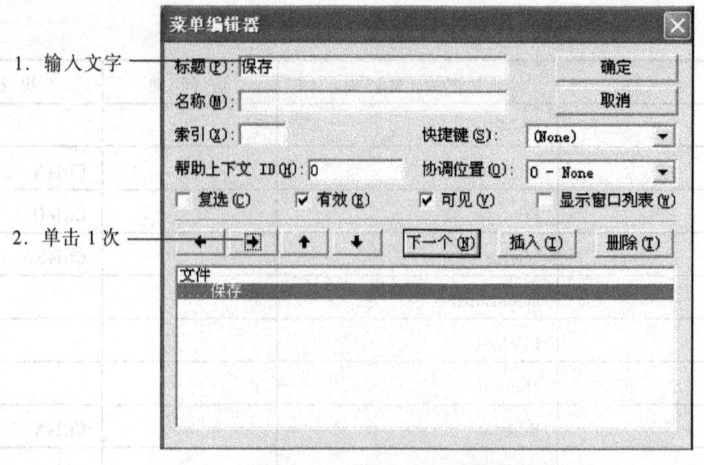

图 7-5　设置一级子菜单的方法

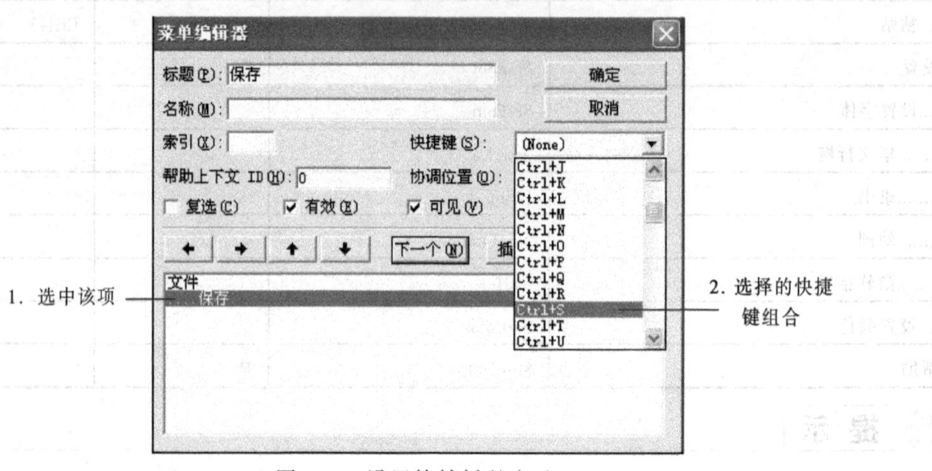

图 7-6　设置快捷键的方法

3. 设置访问键的方法

在标题属性项中，在要设置访问键的字母前输入&符号，此时，菜单项&后的字母底部就会出现下画线，如图 7-7 所示。当程序运行时，按【Alt+F】组合键即可打开“文件”菜单。

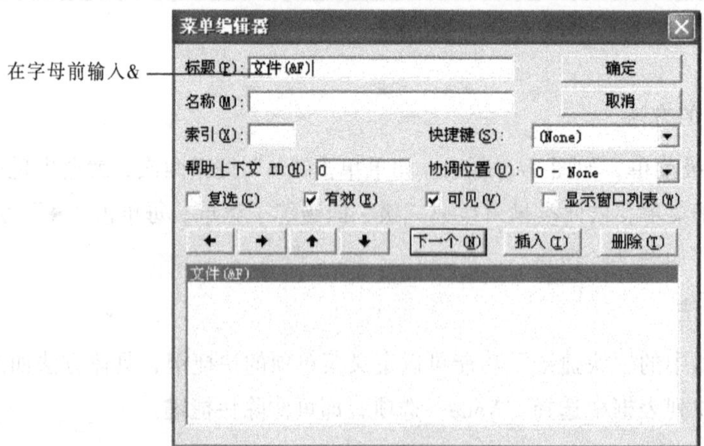

图 7-7　设置访问键的方法

4．添加分隔线的方法

添加分隔线的方法，如图 7-8 所示。

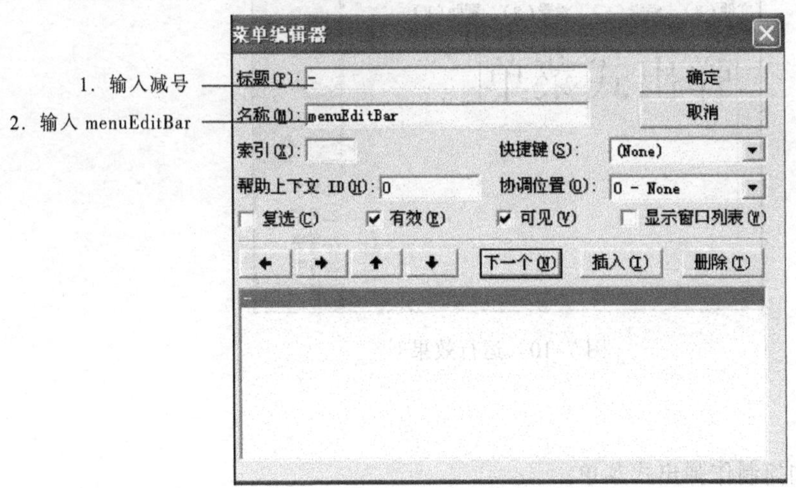

图 7-8　设置分隔线的方法

分隔线不能用来作为菜单标题，也不能带有子菜单，不能进行“复选”、“有效”等属性的设置，也不能设置快捷键。

5．设置复选标记的方法

设置复选标记的方法，如图 7-9 所示。

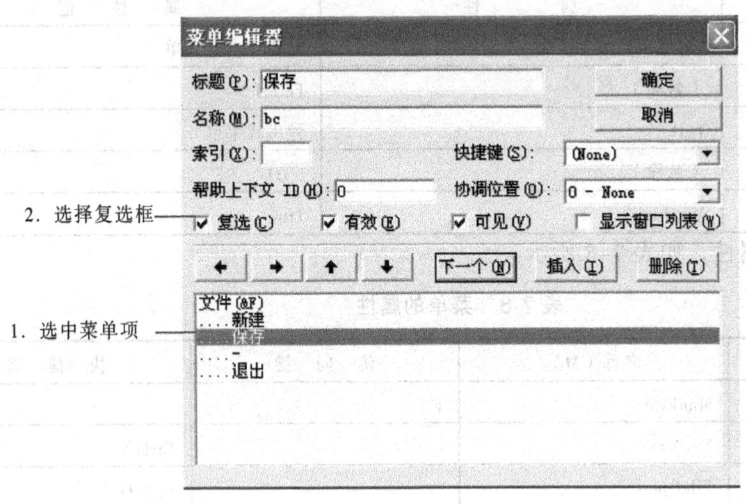

图 7-9　设置复选标记的方法

任务 2　了解弹出式菜单

任务描述

为本节任务 1 中的实例，添加一个弹出式菜单。当用户右击窗体空白处时，弹出一个用来改变字号大小的菜单，选择其中的菜单项可以改变文本框中字体的大小，如图 7-10 所示。

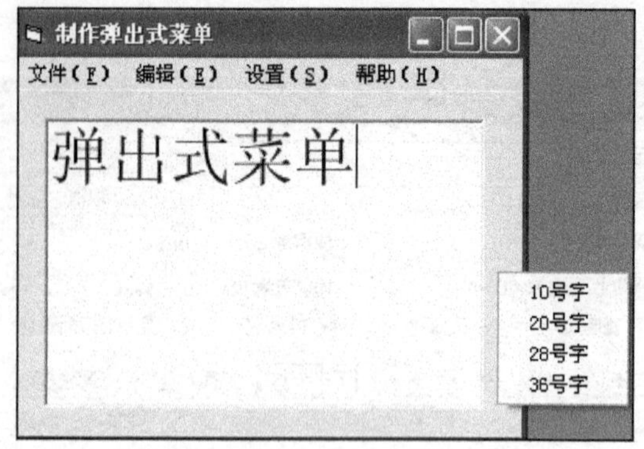

图 7-10　运行效果

任务要求

通过本例，掌握如何制作弹出式菜单。

任务操作要点

（1）在窗体上添加控件，添加一个文本框控件。

（2）设置对象的属性，如表 7-7 所示。

表 7-7　对象的属性

控件名称	属　性	属　性　值
Form1	Caption	制作弹出式菜单
	（名称）	Form1
Text1	Text	弹出式菜单
	（名称）	text1
	MutiLine	True

（3）设置菜单的属性，如表 7-8 所示。

表 7-8　菜单的属性

标题（P）	名称（M）	访　问　键	快　捷　键
文件	MnuFile	F	
....新建	FileNew		Ctrl+N
....打开	FileOpen		Ctrl+O
....保存	FileSave		Ctrl+S
....-	menuEditBar		
....退出	FileExit		
编辑	MnuEdit	E	
....剪切	EditCut		Ctrl+X
....复制	EditCopy		Ctrl+C

续表

标题（P）	名称（M）	访　问　键	快　捷　键
....粘贴	EditPaste		Ctrl+V
设置	MnuSet	S	
....设置字体	SetFont		
........华文行楷	XingKai		
........隶书	LiShu		
........幼圆	YouYuan		
........微软雅黑	YaHei		
....设置颜色	SetColor		
帮助	MnuHelp	H	
字号	MnuFontsize		
....10 号字	Size1		
....20 号字	Size2		
....28 号字	Size3		
....36 号字	Size4		

（4）在菜单编辑器中修改“字号”菜单项的“可见”属性。取消选取“可见”复选框。

（5）打开代码窗口，编写事件代码如下：

```
Private Sub Size1_Click()          '10 号字菜单项程序代码
  Text1.FontSize=10
End Sub

Private Sub Size2_Click()          '20 号字菜单项程序代码
  Text1.FontSize=20
End Sub

Private Sub Size3_Click()              '28 号字”菜单项程序代码
  Text1.FontSize=28
 End Sub

Private Sub Size4_Click()              '36 号字”菜单项程序代码
  Text1.FontSize=36
End Sub

Private Sub Form_MouseDown(Button As Integer, Shift As Integer, X As Single, _
Y As Single)                           '调用“字号”菜单的程序代码
   If Button=2 Then
      PopupMenu mnuFontsize
   End If
End Sub
```

提 示

（1）本例程序中的 Button=2 表示按下的是鼠标右键。当按下鼠标右键时，用 PopupMenu 方法显示弹出式菜单。

（2）平时弹出式菜单是隐藏的，我们习惯在右击时，让菜单弹出。一个程序只能显示一个弹出式菜单。

相关知识

弹出式菜单的制作方法：

1．“菜单编辑器”法

① 在“菜单编辑器”中建立一个顶层菜单项，名称任意，因为顶层菜单的名称在菜单弹出时候不显示。

② 将顶层菜单的“可见”属性设置为 False，即取消选取“可见”复选框。

③ 添加一级子菜单的各菜单项。

④ 编写弹出菜单的程序代码。

2．PopupMenu 方法

使用 PopupMenu 方法来实现指定菜单的弹出。

① PopupMenu 方法的语法格式如下：

```
[对象].PopupMenu<菜单名称>[,Flags[,x[,y]]]
```

② 说明：

参数 X、Y 表示弹出式菜单的显示位置，默认为鼠标指针的当前位置。

Flags=0 表示只能用鼠标左键来选择弹出式菜单中的项目。

Flags=2 表示既可用左键也可用右键。

7.3　对话框的使用

Visual Basic 通过对话框为程序提供了人机交互功能。在 Visual Basic 中对话框有三种类型：

（1）函数对话框。如第 3 章已经介绍过的 InputBox 输入框，MsgBox 消息框。

（2）通用对话框控件。通用对话框控件提供了一组标准的操作对话框，可以进行打开和保存文件、选择颜色、选择字体和设置打印选项等操作，通用对话框还能启动帮助系统。

（3）用户自定义对话框。用户可以根据自己的需要在窗体上添加各种控件来定义，然后编写相应的程序代码。

任务 1　认识通用对话框

任务描述

利用通用对话框对文本框中的字体和颜色进行设置。运行界面如图 7-11 至图 7-13 所示。

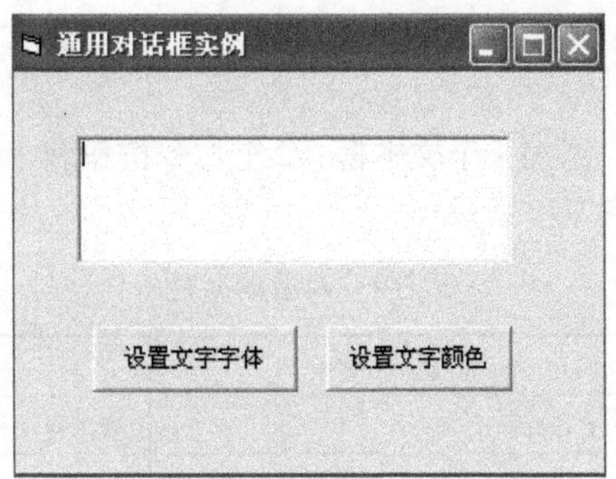

图 7-11　程序运动初始界面

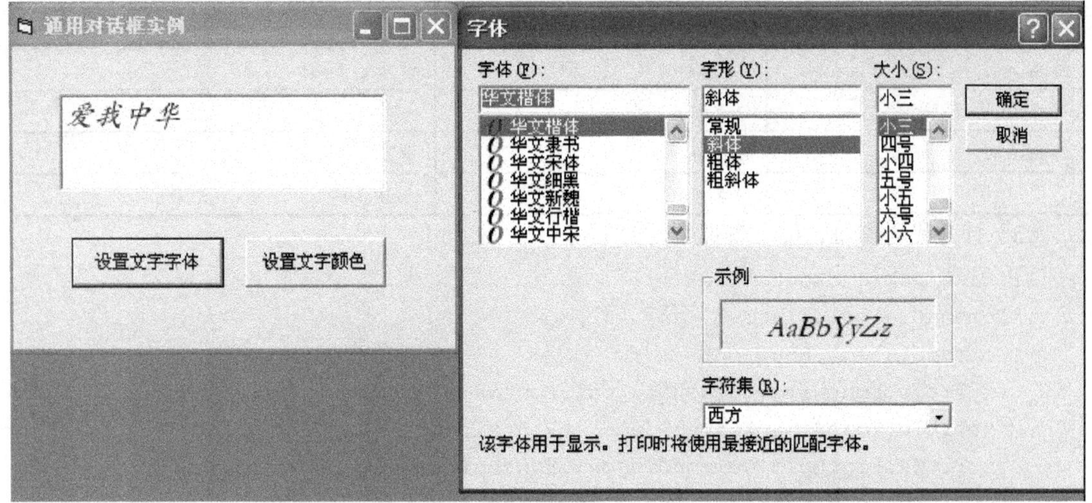

图 7-12　单击“设置文字字体”按钮的运行效果图

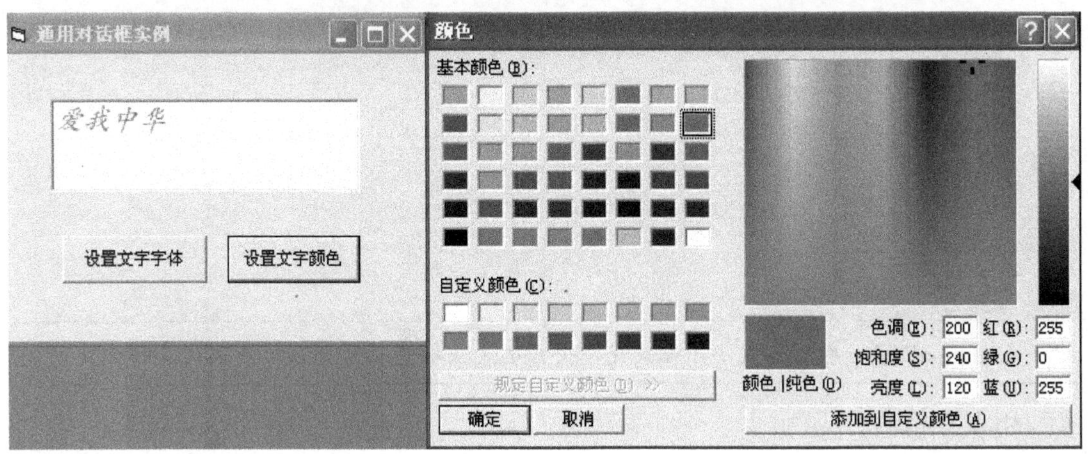

图 7-13　单击“设置文字颜色”按钮的运行效果图

任务要求

通过实例学会如何使用通用对话框。

任务操作要点

（1）在窗体上添加控件。添加1个文本框、2个命令按钮和1个通用对话框。

（2）设置对象属性，如表7-9所示。

表7-9　对象的属性

控件名称	属　性	属　性　值
Form1	Caption	通用对话框实例
	（名称）	Form1
Text1	Text	空
	（名称）	txtTitle
Command1	Caption	设置文字字体
	（名称）	cmdFont
Command2	Caption	设置文字颜色
	（名称）	cmdColor

（3）打开代码窗口，编写事件代码如下：

```
Private Sub cmdFont_Click()
  CommonDialog1.Flags=3
  CommonDialog1.ShowFont
  txtTitle.FontName=CommonDialog1.FontName
  txtTitle.FontSize=CommonDialog1.FontSize
  txtTitle.FontBold=CommonDialog1.FontBold
  txtTitle.FontItalic=CommonDialog1.FontItalic
  txtTitle.FontUnderline=CommonDialog1.FontUnderline
End Sub

Private Sub cmdColor_Click()
  CommonDialog1.Flags=3
  CommonDialog1.ShowColor
  txtTitle.ForeColor=CommonDialog1.Color
End Sub
```

提示

CommonDialog 控件的大小不能改变，用户也无法指定对话框在屏幕上显示的位置。

相关知识

（1）在工具栏中添加通用对话框控件（CommonDialog）的步骤。

① 在工具箱的空白处右击，在弹出的快捷菜单中选择“部件”命令；

或选择“工程”→“部件”命令；

或使用【Ctrl+T】组合键，打开“部件”对话框。

② 单击“部件”对话框中的“控件”选项卡，在列表中选择“Microsoft Common Dialog Control

6.0”复选框，如图 7–14 所示。

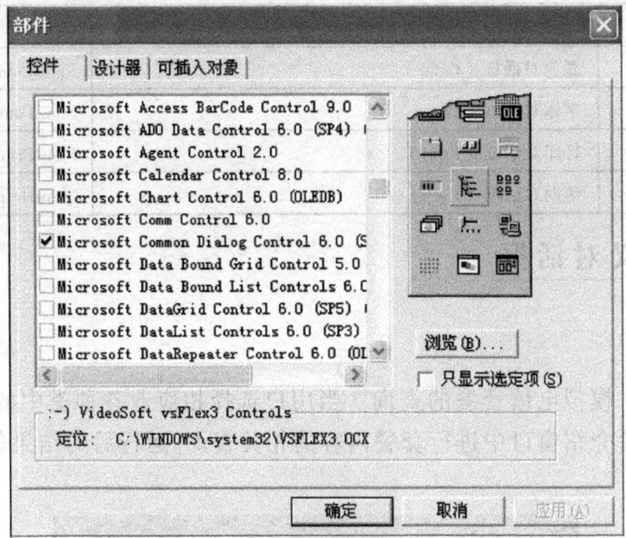

图 7–14　部件窗口

③ 单击“确定”按钮，关闭“部件”对话框，这时在工具箱中就出现了 CommonDialog 控件图标。

（2）通用对话框的属性，如表 7–10 所示。

表 7-10　通用对话框的属性

属　　性	属　　性　　功　　能
Color	设置选中对象的颜色
Copies	设置打印份数
DialogTitle	设置对话框的标题
FileName	设置打开或存取的文件的名字和路径
Filter	设置在打开文件或另存为对话框中的文件时使用的过滤器
Flags	设置对话框的选项
FontBold	设置对象字体为黑体
FontItalic	设置对象字体为斜体
FontUnderline	设置对象字体有下画线
Left，Top	设置通用对话框在窗体上的位置

（3）通用对话框的 6 种形式。

通用对话框提供 6 种形式的对话框，在显示通用对话框，应通过设置 Action 属性或通过方法调用来选择其形式。具体的设置方式如表 7–11 所示。

表 7-11　通用对话框的 6 种形式

Action 属性	对话框类型	方　　法
1	打开对话框（Open）	ShowOpen
2	另存为对话框（Save As）	ShowSave

续表

Action 属性	对话框类型	方　法
3	颜色对话框（Color）	ShowColor
4	字体对话框（Font）	ShowFont
5	打印对话框（Print）	ShowPrinter
6	帮助对话框（Help）	ShowHelp

任务 2　自定义对话框

任务描述

设计一个程序，模拟电信套餐的查询。当用户选择相应业务种类中的套餐名称后，单击查询按钮可以在套餐介绍窗口中进行套餐内容的相关查询。运行后的结果如图 7-15 和图 7-16 所示。

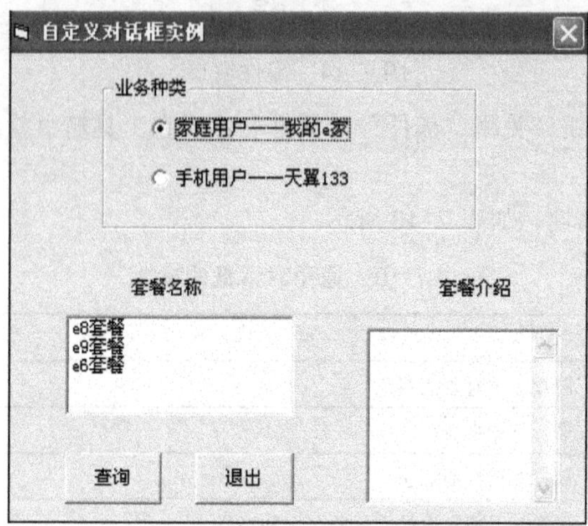

图 7-15　程序运行界面一

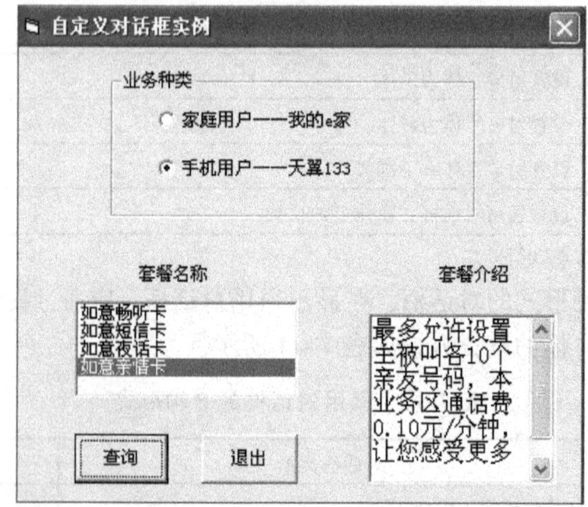

图 7-16　程序运行界面二

任务要求

通过实例学会如何自定义对话框。

任务操作要点

（1）在窗体上添加控件。添加一个框架、两个单选按钮、一个列表框、一个文本框、两个命令和两个标签框。

（2）设置对象属性，如表 7-12 所示。

表 7-12　对象属性的设置

控件名称	属　性	属　性　值
Form1	Caption	自定义对话框实例
	名称	Form1
	BorderStyle	3
Frame1	Caption	业务种类
Option1	Caption	家庭用户——我的 e 家
Option2	Caption	手机用户——天翼 133
List1	Font	字体：微软雅黑
Text1	Text	空
	Multiline	True
	ScrollBars	2
	Locked	True
Label1	Caption	套餐名称
Label2	Caption	套餐介绍
Command1	Caption	查询
	名称	cmdDisplay
Command2	Caption	退出
	名称	cmdExit

（3）打开代码窗口，编写事件代码如下：

① 通用过程 AddList1()和 AddList2()的代码：（用来在列表框中添加列表项）

```
Public Sub AddList1()
  List1.Clear
  List1.AddItem "e8 套餐"
  List1.AddItem "e9 套餐"
  List1.AddItem "e6 套餐"
End Sub

Public Sub AddList2()
  List1.Clear
  List1.AddItem "如意畅听卡"
  List1.AddItem "如意短信卡"
  List1.AddItem "如意夜话卡"
  List1.AddItem "如意亲情卡"
```

```
End Sub
```

②“查询”命令按钮代码如下：

```
Private Sub cmdDisplay_Click()
   a$=List1.Text
   If Option1.Value=True Then
   Select Case a$
   Case "e8 套餐"
     Text1.Text=""我的 e 家”优惠套餐分基础包和可选包，基础包为必选套餐，可选包可由您 _
     根据需要选择。e8 套餐基础包（固话 + 宽带）。"
   Case "e9 套餐"
     Text1.Text="移动通信、移动语音资费优惠；套餐内时长共享、互拨时长免费；有线宽带、_
     无线宽带无缝上网…… "
   Case "e6 套餐"
     Text1.Text=" 移动资费优惠；套餐内时长共享、互拨时长免费；手机、固话免月租…… "
  End Select
  Else
  If Option2.Value=True Then
  Select Case a$
    Case "如意畅听卡"
      Text1.Text="本业务区内所有被叫免费。"
    Case "如意短信卡"
      Text1.Text="免费赠送点对点短消息 500 条。"
    Case "如意夜话卡"
      Text1.Text="21: 00-8: 00 本业务区通话费 0.10 元/分钟"
    Case "如意亲情卡"
      Text1.Text="最多允许设置主被叫各 10 个亲友号码，本业务区通话费 0.10 元/分钟，让您 _
      感受更多亲情。"
    End Select
  End If
  End If
  End Sub
```

③“退出”命令按钮代码如下：

```
Private Sub cmdExit_Click()
  End
End Sub
```

④ 窗体加载代码如下：

```
Private Sub Form_Load()
   Option1.Value=True
  AddList1
End Sub
```

⑤ 单选按钮 Option1 代码如下：

```
Private Sub Option1_Click()
  AddList1
  Text1.Text = ""
End Sub
```

⑥ 单选按钮 Option2 代码如下：

```
Private Sub Option2_Click()
   AddList2
   Text1.Text = ""
End Sub
```

提 示

本例中我们只设计了一个窗体，有的时候我们也会用到多窗体，即对一个对话框进行操作后又会弹出另一个对话框，用户可尝试自己编写。

相关知识

自定义对话框时，通常将窗体的 BorderStyle 属性设置为 3（Fixed Dialog），此时窗体的控制栏上将只有“关闭”按钮，没有“最大化”和“最小化”按钮窗体大小不可改变。

7.4　工具栏的使用

任务　认识工具栏

在 Windows 应用程序中，能够为用户提供最快捷的、最简便操作的，莫过于程序中的工具栏。工具栏由若干与常用菜单项对应的工具按钮组成，每个工具按钮上都有图标，形象地表明该按钮的作用，为用户提供最常用的功能和命令。

任务描述

设计一个简易文本编辑器，该程序可以通过工具栏执行“剪切”、“复制”和“粘贴”操作。程序界面如图 7-17 所示。

图 7-17　简易文本编辑器的界面

通过本例，学会如何为程序制作工具栏。

任务操作要点

（1）在窗体上添加控件。在窗体上添加一个 ImageList 控件和一个 ToolBar 控件、一个文本框控件。

（2）设置对象属性，如表 7-13 所示。

表 7-13 对象属性的设置

控件名称	属性	属性值
Form1	Caption	工具栏的制作
	（名称）	Form1
Text1	Text	空
	（名称）	Text1
	Alignment	2-Center
	MultiLine	True
	ScrollBar	2

（3）打开代码窗口，编写事件代码如下：

① 窗体加载程序代码如下

```
Private Sub Form_Load()
  Clipboard.Clear
End Sub
```

② 工具栏按钮程序代码如下：

```
Private Sub Toolbar1_ButtonClick(ByVal Button As MSComctlLib.Button)
  Select Case Button.Key
    Case "cut"
    If Text1.SelLength>0 Then
      Clipboard.SetText Text1.SelText
      Text1.SelText=""
    End If
    Case "copy"
    If Text1.SelLength>0 Then
      Clipboard.SetText Text1.SelText
    End If
    Case "Paste"
      Text1.SelText=Clipboard.GetText
   End Select
End Sub
```

提　示

常用的图片或图标可以在 Visual Basic 的安装文件夹的 Common\Graphics 中找到。

相关知识

制作工具栏的步骤：

（1）在窗体中加入 ImageList 控件，在其中插入需要的图片。

① 将 ImageList 控件添加到工具箱中。

ImageList 控件是 ActiveX 控件，所以，我们需要手动添加该控件到工具箱中。

具体方法如下：

在菜单栏上选择“工程”→“部件”命令，在弹出的“部件”对话框中，单击“控件”选项卡，在列表框中选择“Microsoft Windows　Common Control 6.0”复选框，单击“确定”按钮，如图 7-18 所示。在工具箱中新增的控件，如图 7-19 所示。

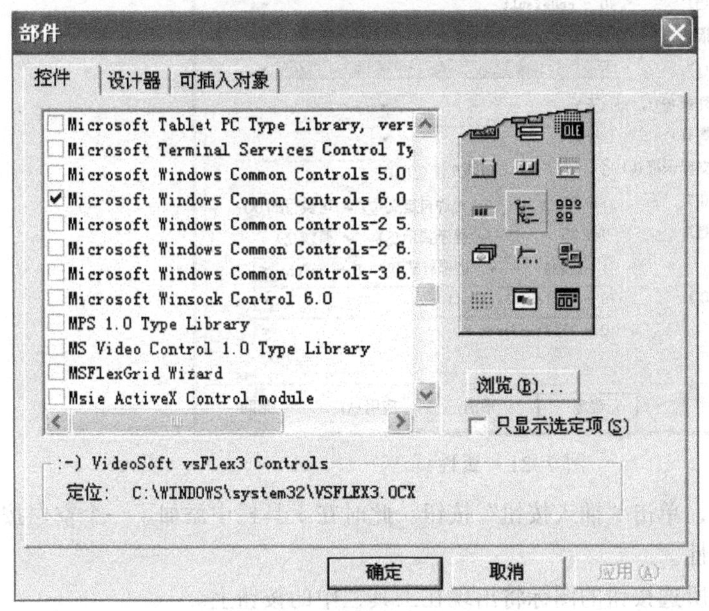

图 7-18　“部件”对话框

图 7-19　新增的控件

② 在窗体上添加 ImageList 控件，在控件图标上右击，在弹出的快捷菜单中选择“属性”命令，打开“属性页”对话框，如图 7-20 所示。重复图 7-20 中的 1、2 步的操作，直到把需要的按钮设置完毕。

（2）在窗体中加入 ToolBar 控件，并建立与 ImageList 对象的关联，在 ToolBar 控件中创建按钮对象。

① 在工具箱中双击 ToolBar 控件图标，在窗体上创建一个工具栏。

② 在工具栏上右击，在弹出的快捷菜单中选择“属性”命令，打开“属性页”对话框。在“通用”选项卡中，在图像列表项的下拉列表中选择 ImageList1，如图 7-21 所示。

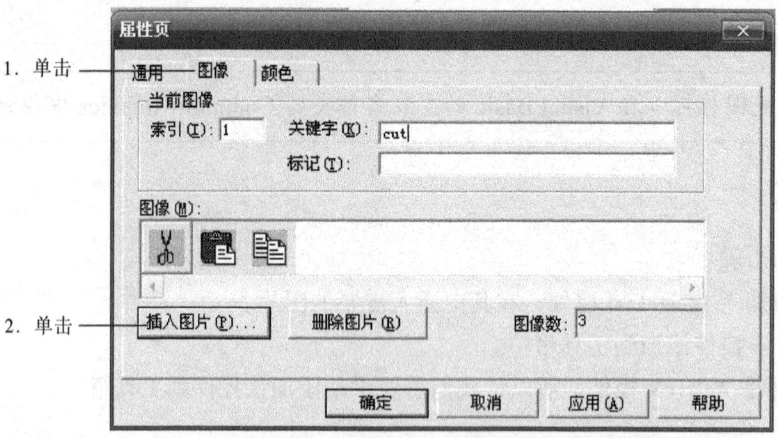

图 7-20 “属性页”对话框的操作步骤

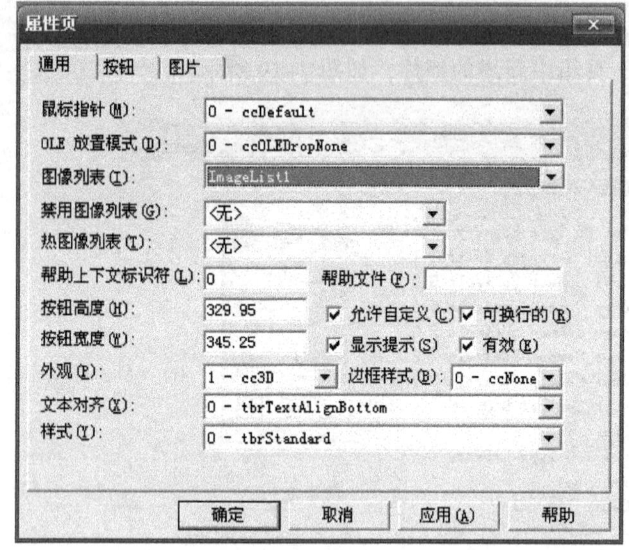

图 7-21 属性页

③ 单击“按钮”选项卡，单击“插入按钮”按钮。此时在工具栏中添加了一个空白按钮，按图 7-22 设置按钮的各项属性。

④ 单击“应用”按钮，所选按钮的图标将出现在工具栏中的按钮上。

⑤ 重复步骤③、④中的操作，将所有的按钮设置完毕即可。

（3）编写应用程序代码。

提 示

（1）在图 7-22 中，“按钮”选项卡中的“图像”值是图 7-20 中 ImageList1 对应的图像的索引号。

（2）“关键字”相当于控件的“名称”属性，用来在程序中标识不同的按钮，不可省略。

（3）“工具提示文本”文本框中输入的内容为，当鼠标停留在按钮上时，将显示该文本内容，告知用户该按钮的功能。

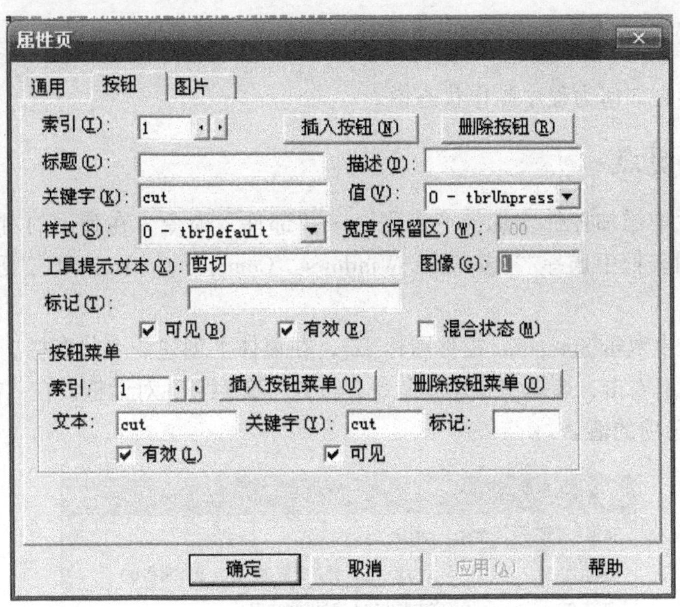

图 7-22 设置按钮的各项值

7.5 状态栏的使用

任务 认识状态栏

在 Windows 应用程序界面中，我们可以发现，除了菜单栏和工具栏外，界面还有一个不可或缺的组成部分就是状态栏。状态栏用于反应程序执行时的各种状态数据。在 Visual Basic 中，我们可以通过 StatusBar 控件来为应用程序制作状态栏。

任务要求

为 7.4 节中的任务实例“简易文本编辑器”制作一个状态栏，在状态栏上显示提示文本和当前系统时间信息，程序界面如图 7-23 所示。

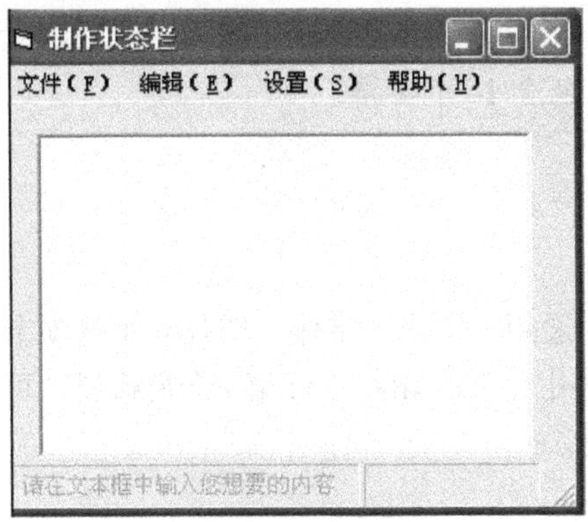

图 7-23 程序界面

任务要求

通过本例，学会如何为程序制作状态栏。

任务操作要点

（1）在工具栏中添加控件。选择“工程”→“部件”命令，在弹出的对话框中单击“控件”选项卡，在列表框中选择“Microsoft Windows Common Control 6.0”复选框，单击“确定”按钮。

（2）在工具箱中双击 StatusBar 控件图标 ，在窗体上创建一个状态栏。

（3）在状态栏上右击，选择“属性”命令，打开“属性页”对话框。在“窗格”选项卡中，按图 7-24 设置各选项的值。

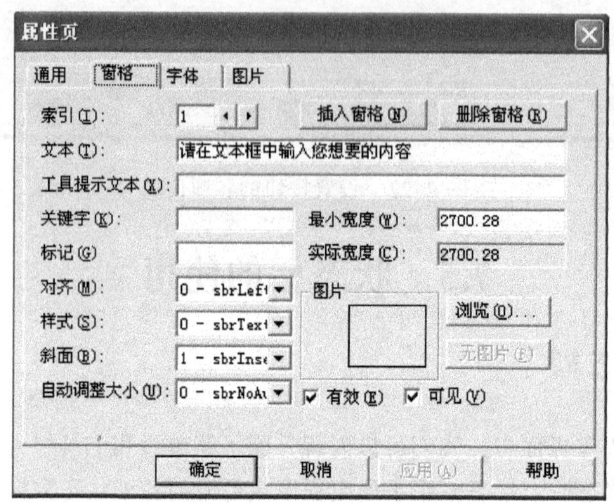

图 7-24　属性页的设置

（4）单击“窗格”选项卡中的“插入窗格”按钮，单击“索引”项的右箭头，进入窗格 2 的设置页面，再按照图 7-24 设置各选项的值。其中，“样式”属性设置为 5-sbrTime。

（5）单击“确定”按钮，完成对状态栏的设置。

提 示

一个状态栏中最多可以包含 16 个窗格。

相关知识

StatusBar 控件属性

StatusBar 控件的属性页由通用、窗格、字体、图片 4 个选项卡组成。状态栏的属性主要集中在“窗格”选项卡（Panel）中，StatusBar 控件第 i 个窗格属性可用 Panels (i)表示。现将“窗格”属性表中的各项做以介绍。

1. 索引（Index）

索引属性用于表示窗格的唯一序号，其值是用户新建窗格时由系统自动设置的。用户可通过索引右边的“◀”、“▶”按钮选择不同索引对应的窗格。

2．文本（Text）

文本用于设置窗格要显示的内容。

3．工具提示文本

工具提示文本用于设置状态栏窗格的飞行提示内容。当选中通用选项卡中的“显示提示”复选框时，将鼠标移到状态栏窗格上会显示飞行提示内容。

4．关键字（Key）

关键字用于在程序中唯一标识窗格。

5．最小宽度（MinWidth）

最小宽度是指当前窗格的最小宽度，用户可根据实际情况设置最小宽度值，调整各窗格的宽度。

6．对齐（Alignment）

参数 0-sbrLeft 表示窗格中的文本左对齐、1-sbrCenter 表示窗格中的文本居中对齐、2-sbrRight 表示窗格中的文本右对齐。

7．样式（Style）

“样式”（Style）属性值决定了状态栏窗格的显示方式，共有 7 种显示方式，如表 7-14 所示。可显示相关按键的状态、系统日期与系统时间，也可显示用户自定义信息。

表 7-14　状态栏窗格的 7 种显示方式

样式取值	样式含义
0-sbrText	显示文本与位图
1-sbrCaps	显示【Caps Lock】键状态
2-sbrNum	显示【NumberLock】键状态
3-sbrIns	显示【Insert】键状态
4-sbrScrl	显示【Scroll Lock】键状态
5-sbrTime	按系统格式显示时间
6-sbrDate	按系统格式显示日期

8．斜面（Bevel）

参数 0-sbrNoBevel 表示窗格无凹凸、1-sbrInset 表示窗格凹下、2-sbrRaised 表示窗格凸起。

7.6 拓展练习

任务 1　对话框综合实例——小小工资计算器

任务描述

设计一个程序，当单击“合计”命令按钮时，通过“基本工资输入框”对话框来输入个人的各种收入，如图 7-25 所示。然后，在屏幕上显示出来，如图 7-26 所示。

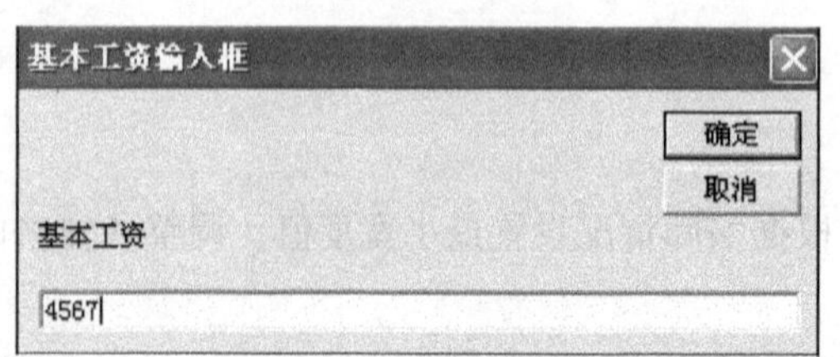

图 7-25　单击“合计”按钮后弹出输入对话框

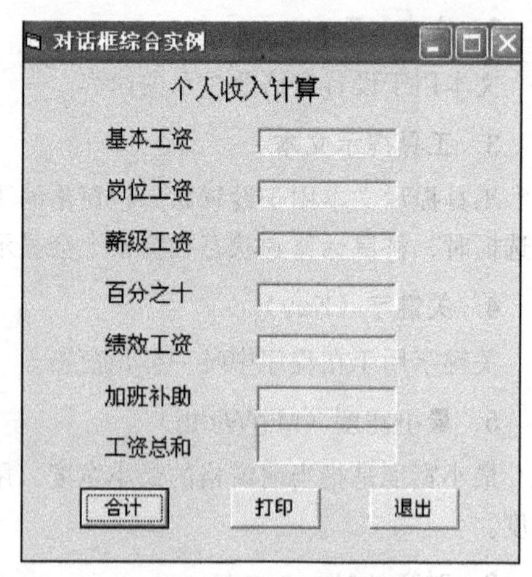

图 7-26　程序运行效果

输入数据后弹出数据校验对话框，如图 7-27 所示。若确认正确，单击“是”按钮，进行下一个信息的输入，如图 7-28 所示。若是不正确，单击“否”按钮，可以重新输入。输入结束后，自动算出个人收入的总和。图 7-29 为数据校验不正确，弹出的数据信息提示框。单击“是”按钮重新输入数据，单击“否”按钮继续输下一个数据。

单击“打印”命令按钮时，弹出打印对话框，如图 7-30 所示。

单击“退出”命令按钮时，可以退出程序。

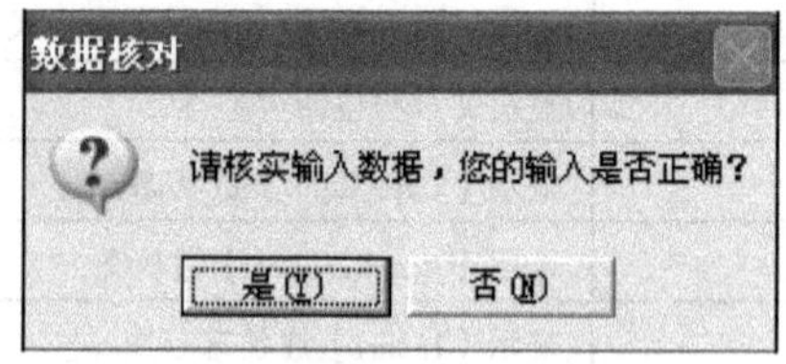

图 7-27　输入数据后弹出的数据校验对话框

图 7-28　数据校验正确则弹出下一个数据输入框

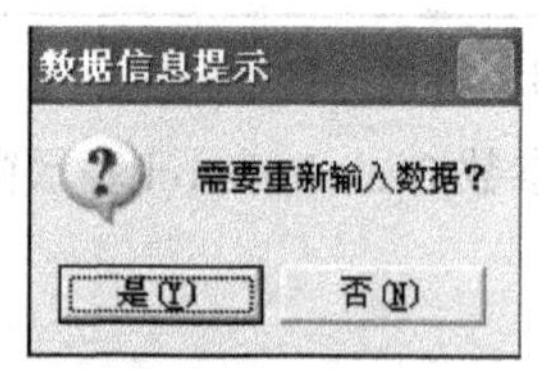

图 7-29　提示信息

通过本例，熟练掌握输入/输出对话框及通用对话框的使用。

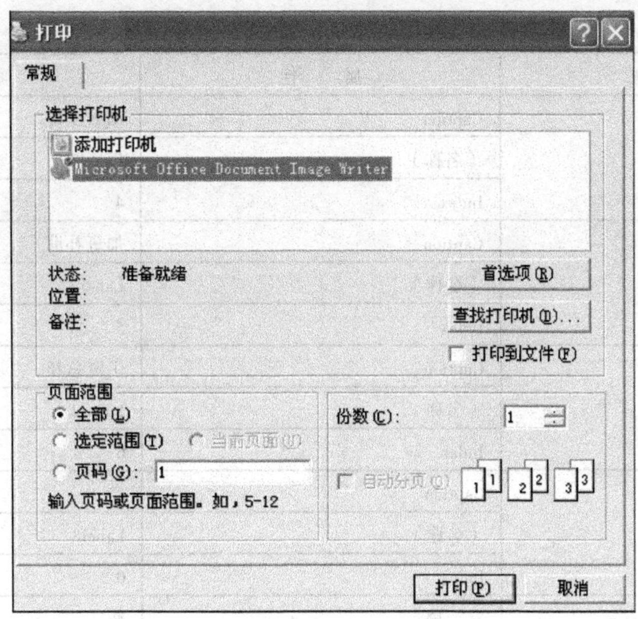

图 7-30　“打印”对话框。

任务操作要点

（1）在窗体上添加控件：在窗体上添加 15 个标签控件、3 个命令按钮控件、1 个通用对话框控件。

（2）设置对象属性，如表 7-15 所示。

表 7-15　属性设置

控件名称	属　性	属性值
Form1	Caption	对话框综合实例
	（名称）	Form1
Label1	Caption	个人收入计算
Label2	Caption	基本工资
	（名称）	Label2
	Index	0
Label3	Caption	岗位工资
	（名称）	Label2
	Index	1
Label4	Caption	薪级工资
	（名称）	Label2
	Index	2
Label5	Caption	百分之十
	（名称）	Label2
	Index	3

续表

控件名称	属性	属性值
Label6	Caption	绩效工资
	（名称）	Label2
	Index	4
Label7	Caption	加班补助
	（名称）	Label2
	Index	5
Label8	Caption	工资总和
	（名称）	Label2
	Index	6
Label9	Caption	空
	（名称）	Label3
	Index	0
Label10～Label14	略	略
Label15	Caption	空
	（名称）	Label3
	Index	6
Command1	Caption	合计
	（名称）	cmdCount
Command2	Caption	打印
	（名称）	cmdPrint
Command3	Caption	退出
	（名称）	cmdExit
CommonDialog1	（名称）	PrintDialog

（3）在“通用对话框”控件上右击，选择“属性”命令，打开“属性页”对话框。在“打印”选项卡中，按图 7-31 设置各选项的值。

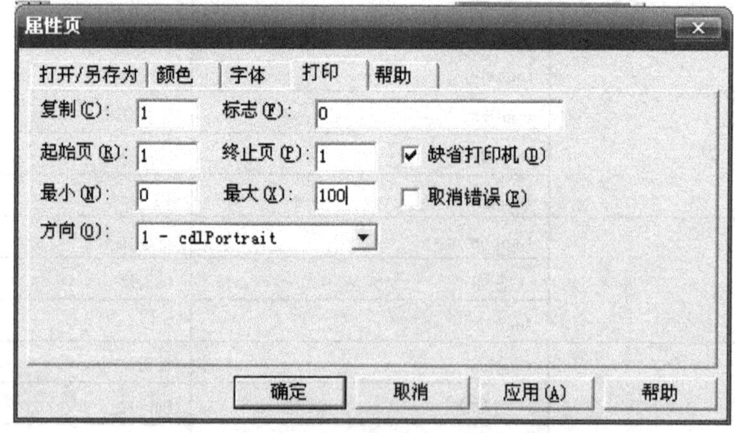

图 7-31　属性页

（4）打开代码窗口，编写事件代码如下。

①“合计”命令按钮的程序代码如下：

```
Private Sub cmdCount_Click()
    Dim Num(5) As String
    Dim sum As Single
    Dim temp As String

    For i=0 To 6
        Label3(i).Caption=""
        Next i
        ch$=Chr(13)+Chr(10)
        For i=0 To 5
         message$=ch$+ch$+ch$+ch$+Label2(i).Caption
         flag=1
         Title$=Label2(i).Caption+"输入框"

         Do While flag=1
         temp$=InputBox$(message$,Title$, ,100,4500)
         If temp$ <> "" Then
           flag=0
           info=MsgBox("请核实输入数据，您的输入是否正确？",36,"数据核对")
           If info=7 Then
             info=MsgBox("需要重新输入数据？",36,"数据信息提示")
             If info=6 Then flag=1
               End If
           Else
              Exit For
           End If
           Num(i)=temp$
           Loop

           Label3(i).Caption=Num(i) + "元"
           sum=sum+Val(Num(i))
     Next i
     Label3(6).Caption=Str$(sum)+"元"
End Sub
```

②“打印”命令按钮程序代码如下：

```
Private Sub cmdPrint_Click()
   PrintDialog.Action=5
End Sub
```

③“退出”命令按钮程序代码如下：

```
Private Sub cmdExit_Click()
  End
End Sub
```

提 示

使用标签控件数组，大大简化了程序设计。

任务 2 菜单综合设计——学生成绩管理系统

任务描述

为“学生成绩管理系统”设计一个用户界面，要求包含菜单栏、一个弹出式菜单、工具栏和状态栏。程序运行界面如图 7-32 所示。

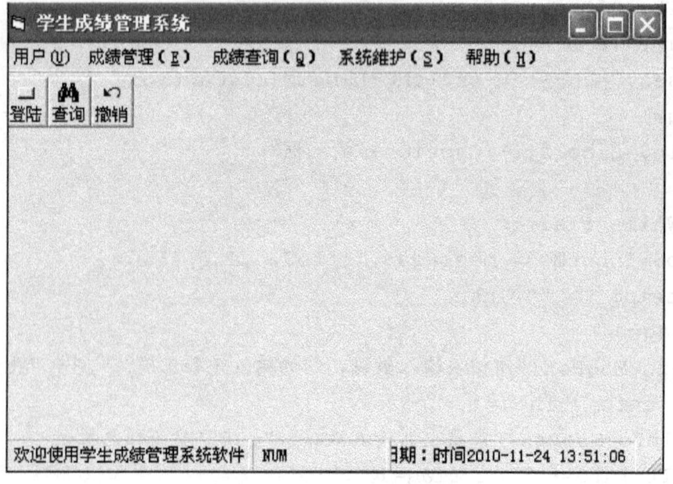

图 7-32 运行界面

任务要求

通过本例熟练掌握应用程序的界面设计。

任务操作要点

（1）在窗体添加控件：添加 1 个工具栏控件、1 个任务栏控件、1 个 ImageList 控件、1 个时钟控件。

（2）按照表 7-16 所示，设置菜单标题及各菜单标题下的菜单项。

表 7-16 设置菜单及菜单项

用户（U）	成绩管理（E）	成绩查询（Q）	系统维护（S）	帮助（H）	弹出菜单
注册	成绩录入	按学科	课程设置	关于	登陆
登陆	成绩修改	按班级	学生信息	联机帮助	成绩录入
—	补考管理	按姓名	班级信息		成绩修改
退出		—	—		模糊查询
		模糊查询	权限设置		

（3）在 ImageList 控件中添加按钮、查询、撤销三个图像；关键字为 Logon、Query、Unmake。

（4）将控件通用选项卡中的图像列表属相设置为 ImageList1。使 ToolBar 控件与 ImageList1 相关联。在 ToolBar 控件按钮选项卡中添加三个普通按钮，其标题分别为“登陆”、“查询”、“撤销”，关键字分别为 Logon、Query、Unmake；图像分别为 1、2、3。提示分别为“登陆”、“查询”、“撤销”。

（5）右击状态栏，打开状态栏的“属性页”。在“窗格”选项卡中添加 3 个窗格，其“文本”属性分别为：“欢迎使用学生成绩管理软件”、“(无)”、“日期：时间”；样式属性分别为：“0-sbrText”、“2-sbrNum”、“0-sbrText”。

（6）将 Timer 控件的 Interval 属性设置为 1000。

（7）打开代码窗口，编写事件代码。

① Timer 控件的程序代码：

```
Private Sub Timer1_Timer()
  StatusBar1.Panels(3).Text="日期：时间"& Now
End Sub
```

② 窗体的加载程序代码：

```
Private Sub Form_Load()
  StatusBar1.Panels(3).Text="日期：时间"& Now
End Sub
```

提 示

在设置弹出菜单属性时，将“弹出菜单”的“可见”属性设置为 False。

相关知识

用户可根据需要为菜单设计相应的程序，来实现菜单功能。

思考与练习

（1）仿照 Word 2003 界面，编写程序制作下拉式菜单，实现界面的设计。

（2）制作一个弹出式菜单。当用户单击窗体空白处时，弹出一个用来改变字体的菜单，选择菜单项可以改变文本框中的字体，如图 7-33 所示。

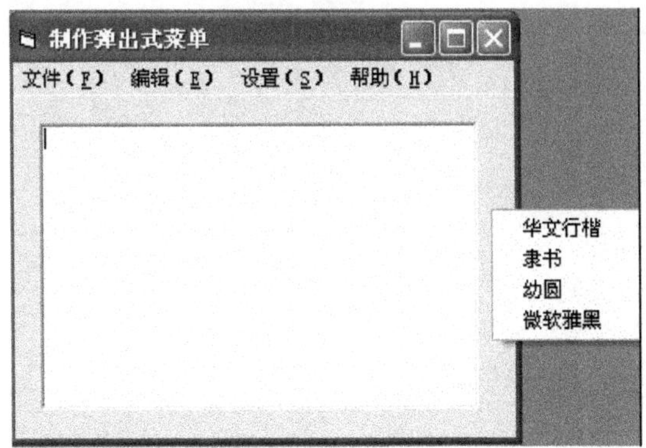

图 7-33　运行结果

（3）在窗体上添加控件。添加 1 个文本框、2 个命令按钮和 1 个通用对话框。

利用通用对话框对文本框中的字体和颜色进行设置。运行界面如图 7-34 所示。

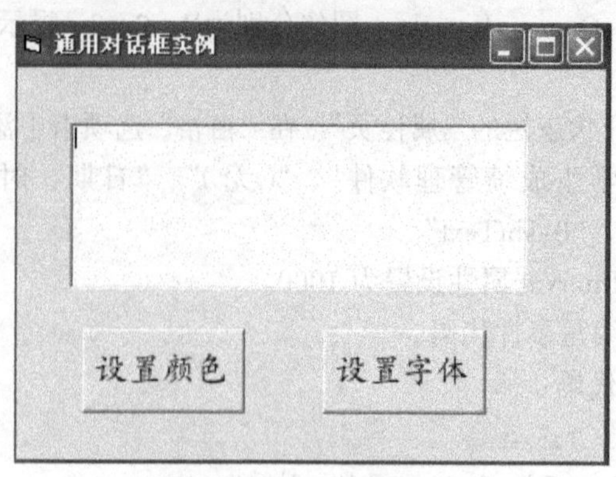

图 7-34　界面设计

第 8 章 Visual Basic 数据库应用程序设计

8.1 认识数据库

任务 创建数据库

任务描述

运用“可视化数据管理器”创建学生管理数据库和学籍表。

任务要求

掌握在 Visual Basic 中用外接程序的方法直接建立 Access 数据库。

任务操作要点

（1）打开“可视化数据管理器”。

选择“外接程序”→“可视化数据管理器”命令，如图 8-1 所示，弹出“VisData”窗口。

图 8-1 打开可视化数据管理器

（2）选择“文件”→“新建”→“Microsoft Access”→“Version 7.0 MDB”命令，新建一个 Access 数据库，如图 8-2 所示。

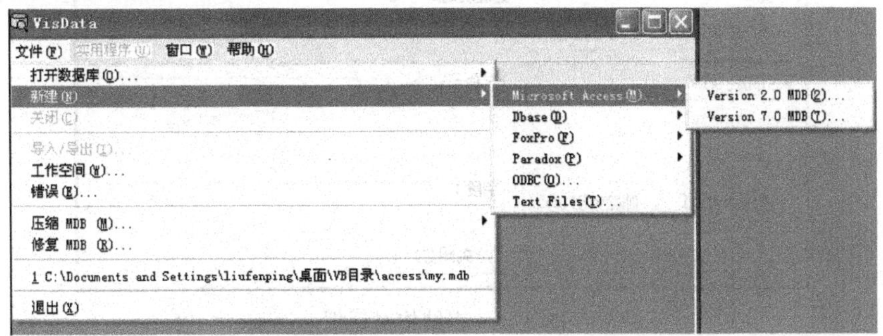

图 8-2 建立新的 Access 数据库

（3）在打开的文件对话框中，输入要新建的数据库名“学生管理.mdb”，单击“确定”按钮打开数据库处理窗体，如图 8-3 所示。

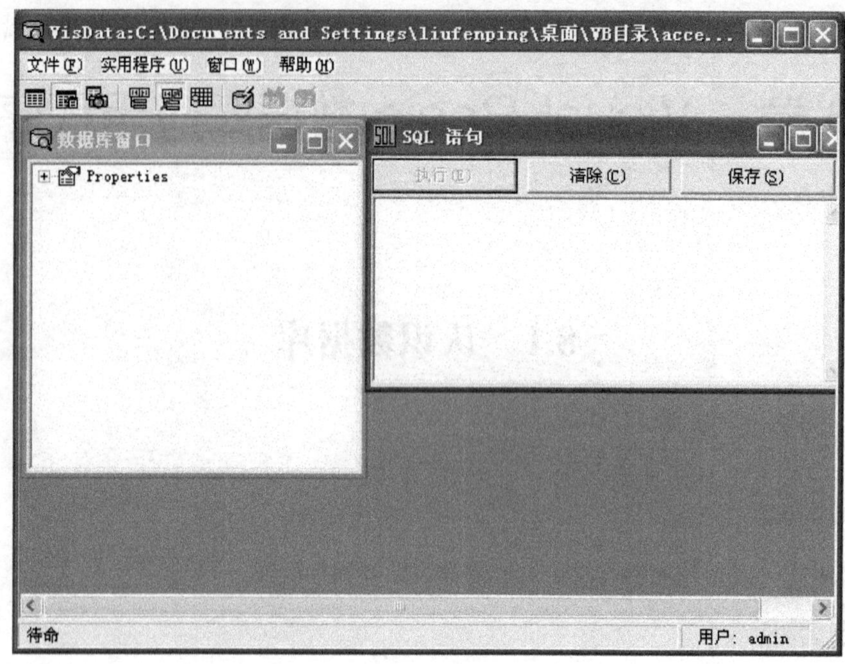

图 8-3 数据处理窗口

（4）在数据库窗口中右击，在弹出的快捷菜单中选择“新建表”命令，打开“表结构”窗口，输入表名称如：学籍表，如图 8-4 所示。

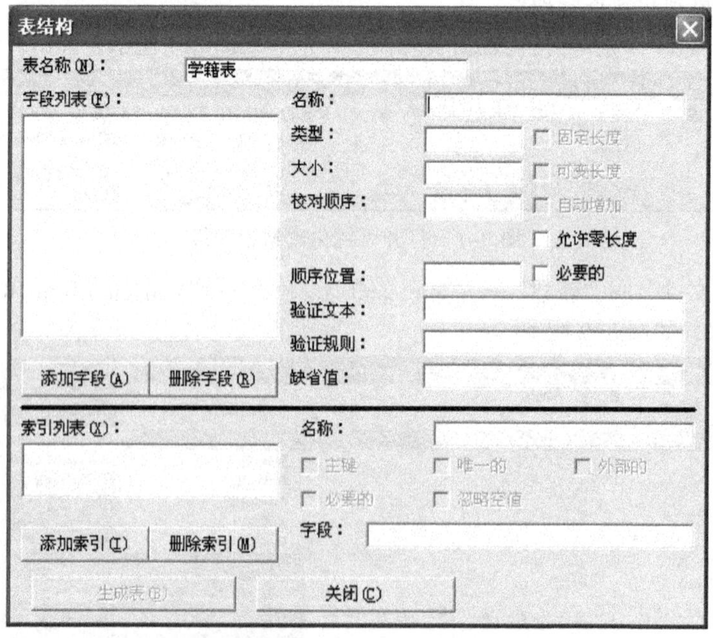

图 8-4 表结构对话框

（5）单击“添加字段”按钮，输入要设计的字符名、类型、大小、缺省值等，如图 8-5 所示。

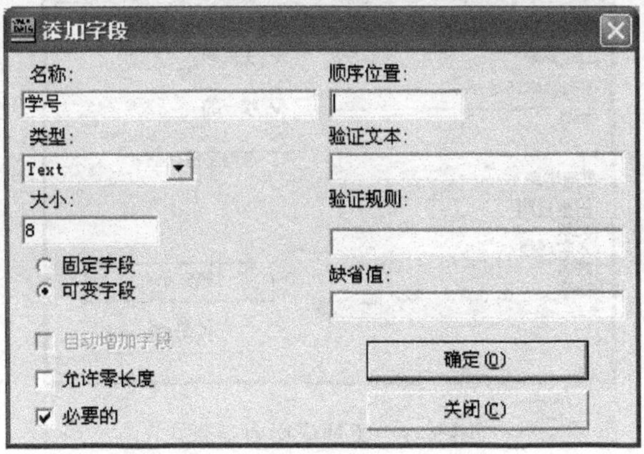

图 8-5 添加字段对话框

（6）单击“确定”按钮后，依照步骤 4 依次添加自己需要设计的字段，如姓名、性别、民族、出生日期、出生日期等，如图 8-6 所示。

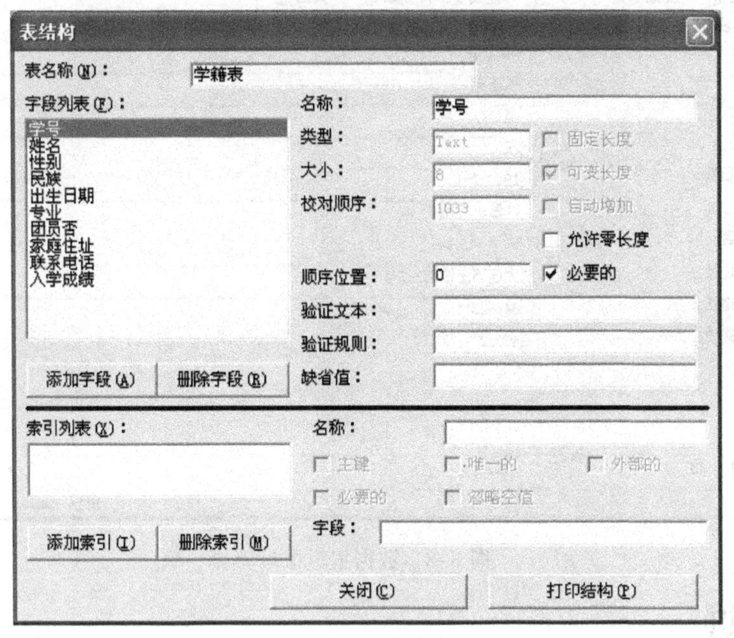

图 8-6 表结构对话框

（7）添加主索引。单击“添加索引”按钮，在“添加索引”窗口中输入索引名称如：ind_num，选择索引字段，选中“主要的”和“唯一的”复选框，如图 8-7 所示。

（8）单击“确定”按钮回到“表结构”对话框。再单击“生成表”按钮，完成数据表“学籍表”表结构的建立。这样的数据表只是一个空表。

（9）接下来要向表中逐条添加记录。在“数据库窗口”中，双击表名，打开数据编辑窗口，如图 8-8 所示，单击“添加”按钮，在数据编辑窗口中出现一条空白记录，输入新记录中各字段的值，将记录逐条添加到表中后，单击“关闭”按钮。

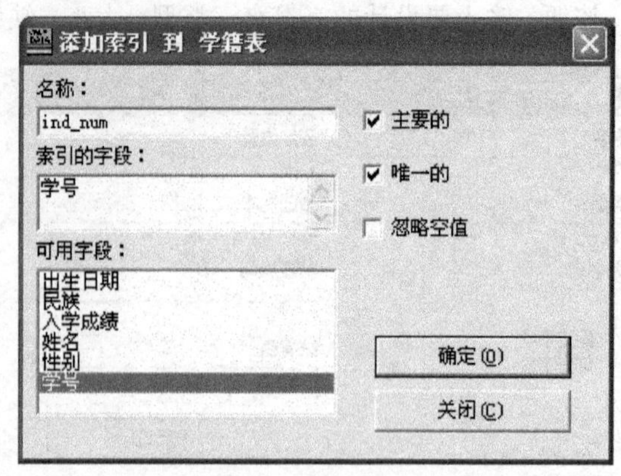

图 8-7　添加索引对话框

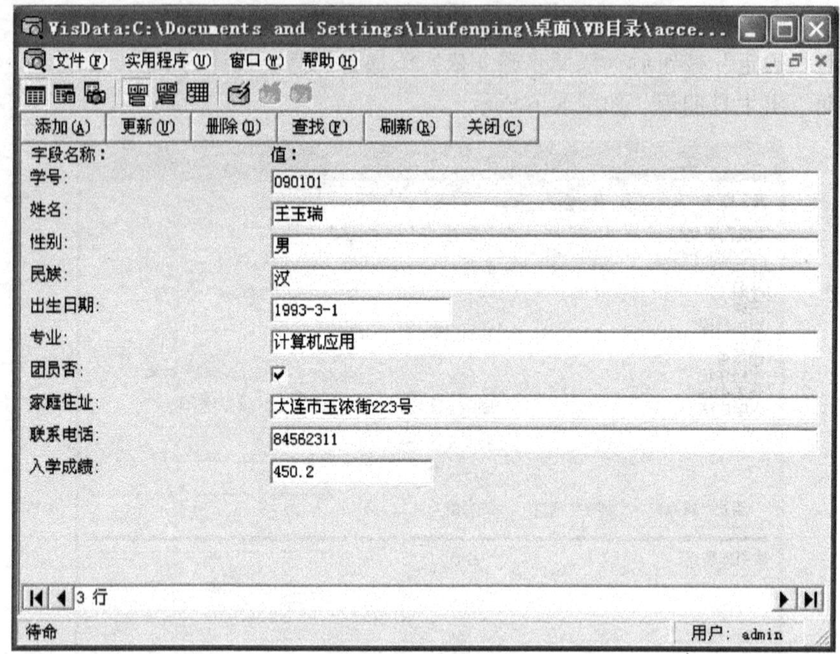

图 8-8　数据编辑窗口

相关知识

1. 认识数据库

（1）数据管理。计算机对数据的管理从人工管理、文件管理发展到现在的数据库管理系统。

（2）数据库系统：是由数据库管理系统、数据库和数据库应用程序组成。

（3）数据库类型。按照组织形式分为关系、层次、网状三种类型，其中关系型数据库是目前最常用的形式。

（4）关系型数据库中数据以二维表的形式存储。一个数据库可以包含多个二维表，各个表之间可以进行关联，在表中，表头部分称为表结构，其他行成为表记录，每一列称为字段。例：图 8-9 为一个“学籍”二维表。

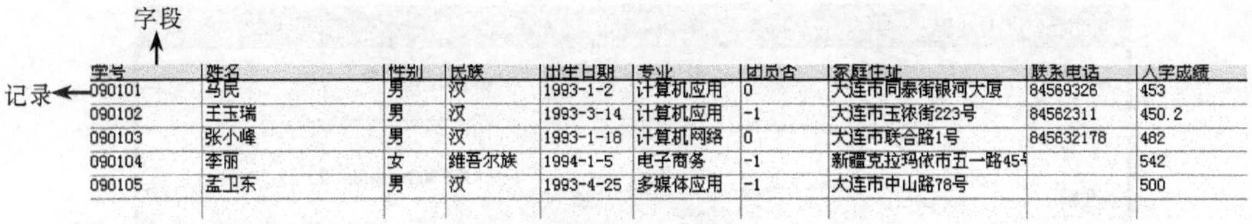

字段

记录

学号	姓名	性别	民族	出生日期	专业	团员否	家庭住址	联系电话	入学成绩
090101	马民	男	汉	1993-1-2	计算机应用	0	大连市同泰街银河大厦	84569326	453
090102	王玉瑞	男	汉	1993-3-14	计算机应用	-1	大连市玉浓街223号	84562311	450.2
090103	张小峰	男	汉	1993-1-18	计算机网络	0	大连市联合路1号	845632178	482
090104	李丽	女	维吾尔族	1994-1-5	电子商务	-1	新疆克拉玛依市五一路45号		542
090105	孟卫东	男	汉	1993-4-25	多媒体应用	-1	大连市中山路78号		500

图 8-9　二维表

（5）Visual Basic 6.0 具有强大的数据库生成和访问功能。

Visual Basic 6.0 可以利用本身所附带的可视化数据库管理工具很好地创建数据库；Visual Basic 6.0 对数据库的访问是通过数据引擎来完成的，Visual Basic 6.0 中提供了大量的数据库部件数据作为引擎和用户间的接口。

（6）数据库部件。主要的有数据控件（Data Control）、ActiveX 数据对象（ADO）和数据访问对象（DAO）。通过三种接口可以对 Visual Basic 6.0 数据库（通过可视化数据库管理器建立的数据库）、外部数据库（Access、Excel、Visual Foxpro、文本等）和 ODBC 数据库进行数据访问。

2. 数据表中的数据类型

Boolean（布尔型）：表示逻辑判断真（True）或假（False）

Byte（字节型）：用于表示二进制数，范围在 0～255，长度为 1 字节

Integer（整型）：表示整数，范围在-32 768～32 767，长度为 2 字节。

Long（长整型）：表示整数，范围在-2 147 483 648～2 147 483 647，长度为 4 字节。

Currency（货币型）：用于表示货币，整数位数 15 位，小数 4 位，长度为 8 字节。

Single （单精度型） 表示小数，长度为 4 字节。

Double（双精度型）：表示小数长度为 8 字节。

Date/Time（日期时间型）：表示日期和时间，长度为 8 字节。

Text（文本型）：表示字符串数据，范围在 0～65 535 个字符

Memo（备注型）：表示大量的文本数据。

8.2　Data 控件的使用

任务 1　了解 Data 控件

任务描述

以 8.1 任务中建立的数据库为数据源，用 Data 控件设计简单的学生学籍管理程序。具体界面如图 8-10 所示。

任务要求

掌握数据控件的具体使用。将一个数据源连接到一个数据绑定控件后，打开指定数据库中的表，将表中的字段值传至数据绑定控件。在数据绑定控件中浏览或更新记录。

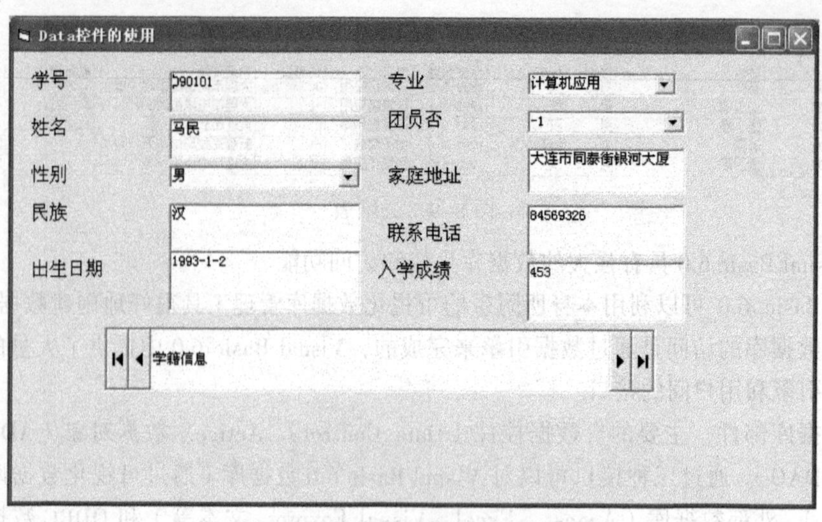

图 8-10　学生管理数据库运行界面

任务操作要点

（1）在工具箱中双击按钮向窗体添加 Data 数据控件及相关的绑定控件 TextBox 和 Combo 控件。

（2）设置每个控件的属性，具体如表 8-1 所示。

表 8-1　属性设置

控 件 名 称	属　　性	属　　性　　值
Form1	Caption	Data 控件的使用
Data1	Caption Connect DatabaseName RecordSource RecordSetType	学籍信息 Access D:\学生管理.mdb 学籍表 0—Table
Label1、label2 …Label10	Caption	学号、姓名、性别、民族、出生日期、专业、团员否、家庭地址、联系电话、入学成绩
Text1、Text2、Text3、…Text7	DataSource Text DataField	Data1 空 学号、姓名、民族、出生日期、家庭地址、联系电话、入学成绩
Combo1	List Text DataSource DataField	男、女 空 Data1 性别
Combo2	List DataSource DataField	计算机软件 计算机网络 多媒体应用 电子商务 Data1 专业

续表

控件名称	属性	属性值
Combo3	List	0、-1
	Text	空
	DataSource	Data1
	DataField	团员否

（3）运行程序。

提示

此程序运行后可以对记录进行修改，修改结果返回到数据库的表中，使记录更新。

相关知识

1．数据控件（Data）

用数据控件（Data）访问数据库是 Visual Basic 访问数据库的方法之一，利用数据控件可以把应用程序和数据库联系起来，对数据库进行访问和操作，但由于数据控件本身不能对数据进行浏览，因此它必须和数据绑定控件（标签、文本框、复选框、列表框、组合框、图片框、图象框等）联系起来即绑定，在数据绑定控件中显示数据库的记录信息，但数据绑定控件不具有数据记录能力，如果要改变数据库中的数据还需要命令按钮进行设计。

2．Data 控件的常用属性

- Connect 属性：指定数据控件所要连接的数据库类型，默认类型为 Access 数据库。
- DatabaseName 属性：指定要连接数据库的完整路径信息（即所用数据库的位置和名称）
- RecordSource 属性：设置或返回绑定到 Data 控件的数据控件记录的来源，记录源可以是一个表或查询，也可以是一格合法的 SQL 语句。
- ReadOnly 属性：指定基本的 Database 中的数据是否可以修改。

3．数据绑定控件常用的属性

数据绑定控件是通过 DataSource 属性和 DataField 属性连接某个数据控件的。

- DataSource 属性：选择所要连接的数据控件名称，制定数据绑定需要的表信息。
- DataField 属性：指定表中的某个字段作为该控件所要显示和更新的内容。

任务 2　学生信息系统操作

任务描述

设计一个可以动态操作的学生信息系统，具有对数据库中的表进行添加、修改、删除和查询功能的应用程序。

任务要求

掌握利用数据绑定控件进一步对数据库进行添加、修改、删除和查询操作。

任务操作要点

（1）依据任务一向窗体添加控件、同时设置同任务一的属性，另外添加五个命令按钮，并设置属性如表 8-2 所示。

表 8-2　学生信息系统控件属性设置

控件名称	属性	属性值
Command1	Caption	添加记录
Command2	Caption	修改记录
Command3	Caption	删除记录
Command4	Caption	查询记录
Command5	Caption	关闭

（2）打开代码窗口，编写事件代码。

添加记录的代码：

```
Private Sub Command1_Click()
   S1 = MsgBox("请输入要增加的数据，学号不可为空", vbOKCancel, "添加记录")
   If S1 = vbOK Then
       Text1.SetFocus
       Data1.Recordset.AddNew
   End If
End Sub
```

修改记录的代码：

```
Private Sub Command2_Click()
   S2 = MsgBox("请输入要修改的数据", vbOKCancel, "修改记录")
   If S2 = vbOK Then
       Data1.Recordset.Edit
   End If
End Sub
```

删除记录的代码：

```
Private Sub Command3_Click()
   S3 = MsgBox("确定要删除记录吗？", vbOKCancel, "删除记录")
   If S3 = vbOK Then
       Data1.Recordset.Delete
       Data1.Recordset.MoveNext
   End If
End Sub
```

查询记录的代码：

```
Private Sub Command4_Click()
   f = InputBox("请输入要查询学号", "查询记录")
   Data1.Recordset.Index = "ind_num"
   Data1.Recordset.Seek "=", f
```

```
    If Data1.Recordset.NoMatch Then
        MsgBox ("没有你所要的数据")
        Data1.Recordset.MoveFirst
    End If
  End Sub
```

关闭窗体的代码：

```
Private Sub Form_Load()
    End
End Sub
```

提 示

对记录进行查询时，数据表必须建立唯一索引，并且查询是按索引字段来查询。

相关知识

数据控件要实现数据库中记录的动态操作，必须在代码段设置 RecordSet 属性的对应方法，RecordSet 包含以下方法：

- AddNew 方法：向数据末尾添加一条空白记录。当添加完成使用 UpDate 方法更新数据库。
- Edit 方法：将记录复制到缓冲区，以便编辑记录。
- Delete 方法：删除当前记录。
- Update 方法：更新当前记录。
- Move 方法群组：包含了指针移动的各种方法。
- MoveFirst：将控件定位到第一条记录。
- MoveLast：将控件定位到最后一条记录。
- MovePrevious：将控件定位到前一条记录。
- MoveNext：将控件定位到下一条记录。

8.3 ADO Data 控件的使用

任务 1　了解 ADO Data 控件

任务描述

在窗体添加 ADO 数据控件，将此控件与学生管理数据库中学籍表相连接。

任务要求

学会使用 ADO 数据控件（Adodc 控件）创建数据源的方法。

任务操作要点

1. 向窗体添加 ADO 数据控件

（1）新建一个窗体，选择“工程”→“部件”命令，在“部件”对话框选中“Microsoft ADO

Data Control6.0 (OLEDB)”复选框，单击“确定”按钮，将ADO控件添加到工具箱，如图8-11所示。

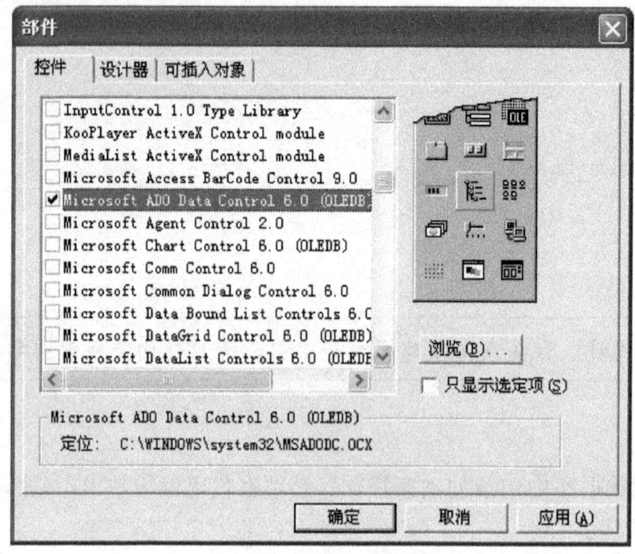

图8-11　部件对话框

（2）向窗体中添加ADO控件，并在属性窗口设置其Caption属性值为“学生成绩信息”，名称为默认值Adoc1，如图8-12所示。

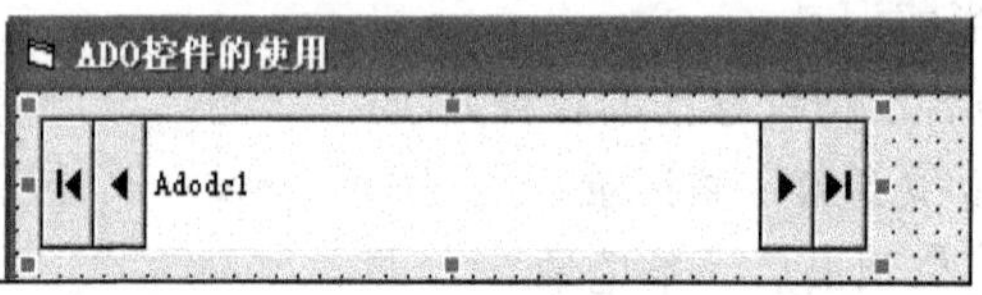

图8-12　窗体中添加的Adodc控件

2．将ADO控件连接到Access数据库。

（1）在ADO控件上右击，在弹出的快捷菜单中选择“ADODC属性”命令，弹出如图8-13所示的“属性页”对话框，选择“使用连接字符串”单选按钮后，单击“生成”按钮。

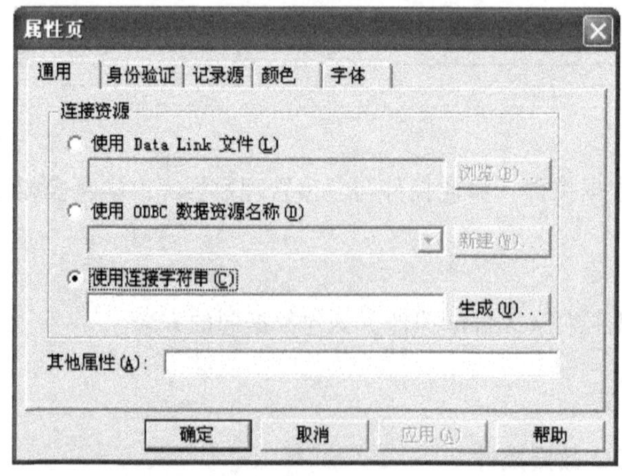

图8-13　Adodc控件属性页——通用选项

（2）在“数据连接属性”对话框中单击“提供程序”选项卡，选中“Microsoft Jet 4.0 OLE DB Provider”数据库引擎，单击“下一步”按钮，如图 8-14 所示。单击“数据连接属性”对话框的“连接”选项卡。如图 8-15 所示，单击“测试连接”按钮，检查是否测试成功。如果显示“测试成功”，单击“确定”按钮后返回到属性页。

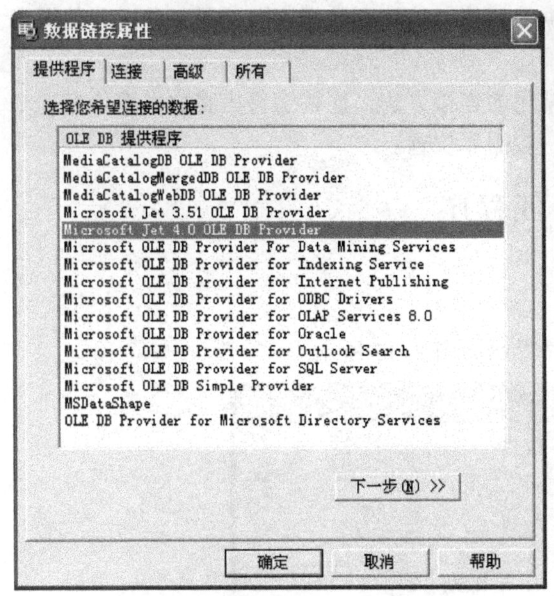

图 8-14 数据连接属性—提供程序选项

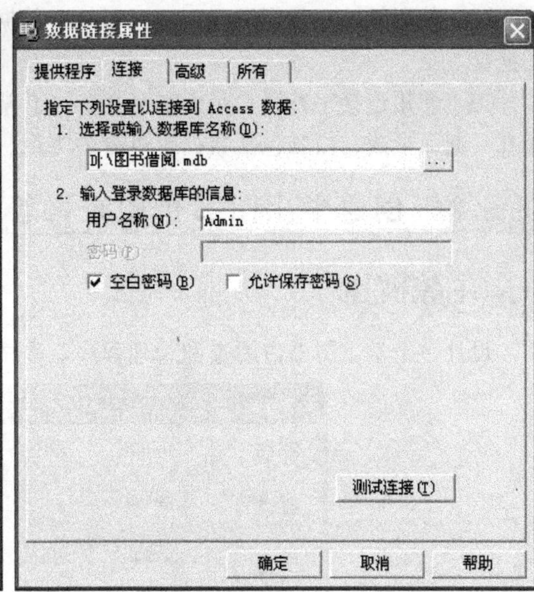

图 8-15 数据连接属性—连接选项

3. 创建数据源

在 ADO 数据控件的属性页对话框中选择“记录源”选项卡并进行图 8-16 的设置，单击“确定”按钮完成连接。

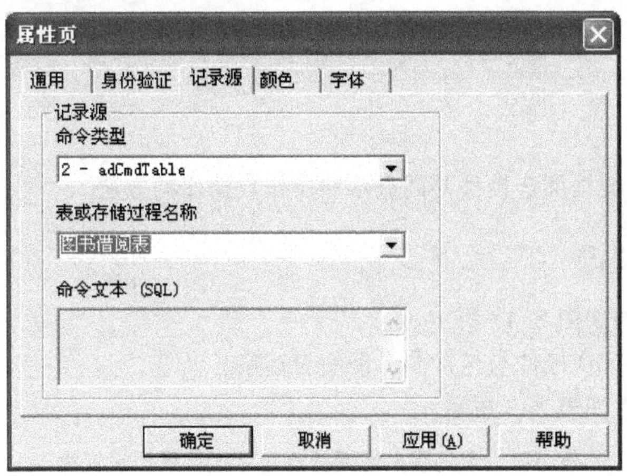

图 8-16 “记录源”选项卡

提 示

Adodc 控件可以连接不同的数据库，如 Access 数据库、SQL Server 数据库、Oracle 数据库等，Microsoft Jet 4.0 OLE DB Provider 程序提供 Accsess 使用据库。

相关知识

Adodc 控件的三种连接方法：

（1）使用 Data Link 文件：连接的是一种定义与数据库如何连接的描述文件。

（2）使用 ODBC 数据资源：通过 ODBC 数据访问接口连接到数据库，这是一种远程数据库的连接。

（3）使用连接字符串：是 Visual Basic 6.0 常用的连接方法，连接字符串将数据库信息逐个串在一起而形成，内容包括数据提供者的类型、数据库位置。

任务 2　创建学生图书借阅查询管理程序

任务描述

设计一个学生图书借阅查询管理程序。程序界面如图 8-17 所示。

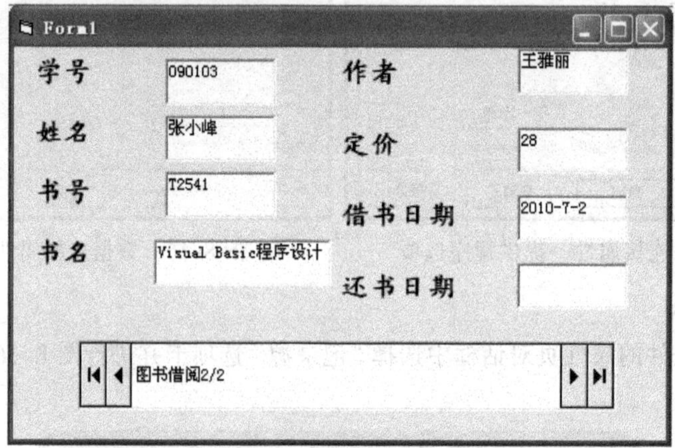

图 8-17　学生图书借阅查询管理程序界面

任务要求

掌握 ADO 控件与数据绑定控件共同显示和操作数据库的方法。

任务操作要点

（1）设计窗体界面如图 8-17 所示。

（2）按任务 1 把 ADO 控件与连接图书借阅表连接。

（3）设置控件属性如表 8-3 所示。

表 8-3　学生图书借阅管理程序控件属性设置表

控件名称	属性	属性值
Adodc1	Caption	空
	ConnectionString	“Provider=Microsoft.jett”；DataSource=D:\学生管理.mdb”
	RecordSource	图书借阅表

续表

控件名称	属　　性	属　性　值
Label1…Label8	Caption	学号、姓名、书号、书名、作者 定价、借书日期、还书日期
Text1…Text8	DataSource	Adodc1
	DataField	学号、姓名、书号、书名、作者 定价、借书日期、还书日期

（4）打开代码窗口，编写事件和代码如下：

```
Private Sub Adodc1_MoveComplete(ByVal adReason As ADODB.EventReasonEnum, _
ByVal pError As ADODB.Error, adStatus As ADODB.EventStatusEnum, ByVal _
pRecordset As ADODB.Recordset)
    Adodc1.Caption = "图书借阅" & Adodc1.Recordset.AbsolutePosition & "/" &
    Adodc1.Recordset.RecordCount
End Sub
```

提 示

Adodc 控件与数据库连接过程可以在其 ConnectionString 属性按步骤设置。

相关知识

1. Adodc 控件的主要属性

ConnectString 属性：指定有效的与数据连接字符串，通过该字符串使 Adodc 控件与指定的数据库建立连接。

RecordSource 属性：设置或返回一个表名或一个合法的 SQL 语句。

CommandType 属性：说明执行的命令类型，有以下 4 种：

8—adCmdUnKnown 未知类型（默认类型）。

1—adCmdText 文本类型。

2—adCmdTabel 存储在数据库的表或视图。

4—adCmdStoreedProc 存储在客户/服务器数据库中存储过程。

2. MoveCompelete 事件

更改 RecordSet 中的当前记录指针位置。

8.4　应用程序的打包和发布

任务 1　如何打包

任务描述

为“学生学籍管理”应用程序制作安装程序。

任务要求

掌握 Package&Deployment 向导进行打包的操作过程。

任务操作要点

（1）将“学生学籍管理”程序生成可执行的文件。选择“文件”→“生成学生学籍管理.exe”命令，如图 8-18 所示。

（2）使用 Package&Deployment 向导进行打包。

① 在工程资源管理器窗口选择“学生学籍管理.vbp”选项并右击，在弹出的快捷菜单中选择“打包和展开向导”命令，如图 8-19 所示。

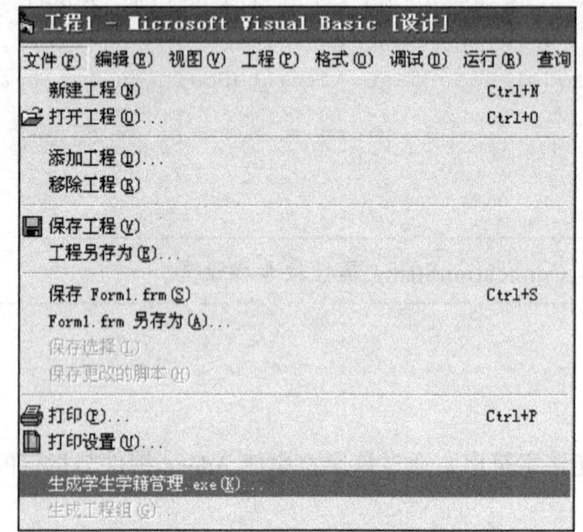

图 8-18　执行生成 exe 命令

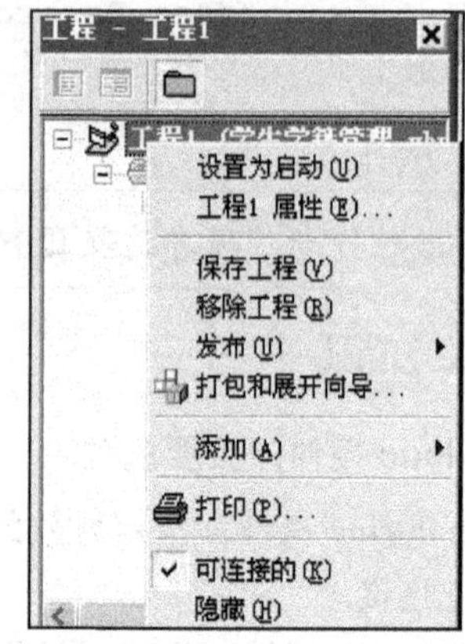

图 8-19　工程资源管理器中打开“打包和展开向导”

② 打开向导对话框如图 9-20 所示，单击“打包”按钮，在“打包和展开向导—打包脚本”对话框中设置脚本如图 8-21 所示。

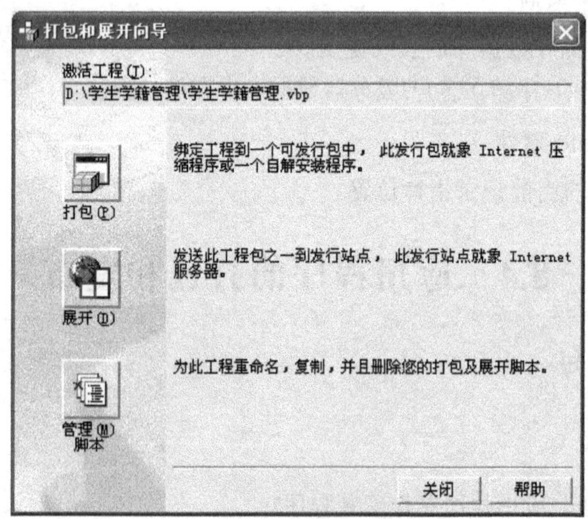

图 8-20　执行打包程序

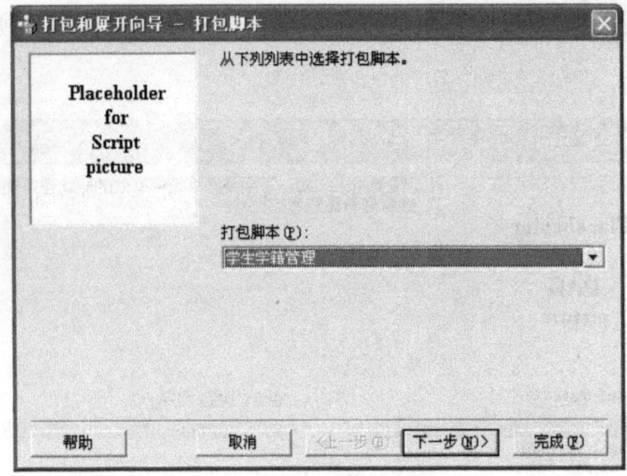

图 8-21　设置打包脚本

③ 在“打包和展开向导—包类型”对话框中选择包类型，如图 8-22 所示。

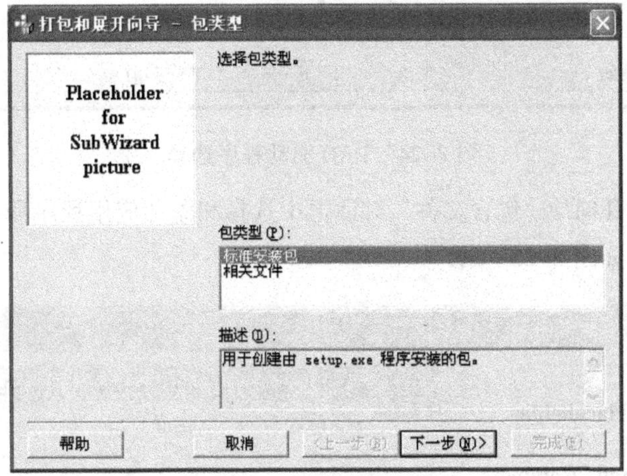

图 8-22　设置包类型

④ 在“打包和展开向导—打包文件夹”对话框中设置包的存放路径，如图 8-23 所示。

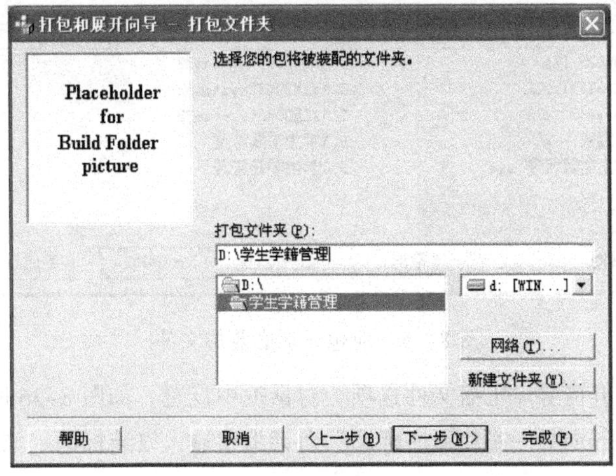

图 8-23　设置包存放路径和文件夹

⑤ 在“打包和展开向导—DAO 驱动程序”对话框中选择应用程序所需的驱动程序，如图 8-24 所示。

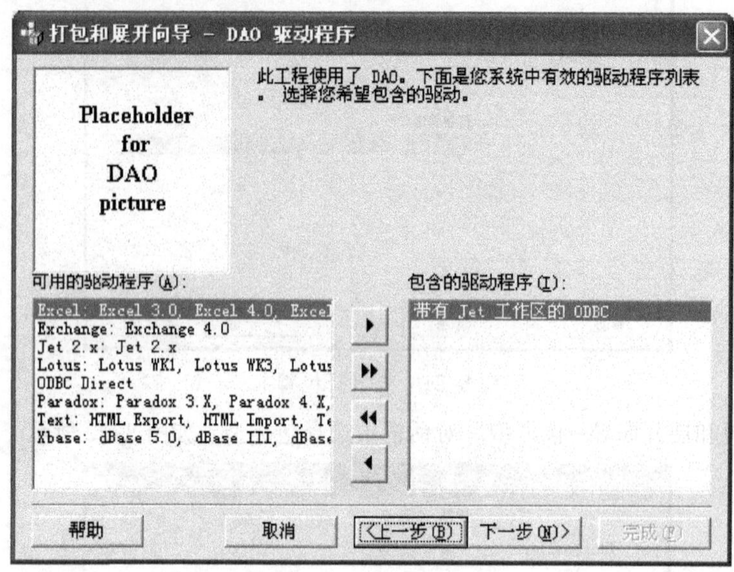

图 8-24　DAO 驱动程序选择

⑥ 在“打包和展开向导—包含文件”对话框中选择和添加应用程序需要的文件，在本例中添加“学籍表.mdb”，如图 8-25 所示。

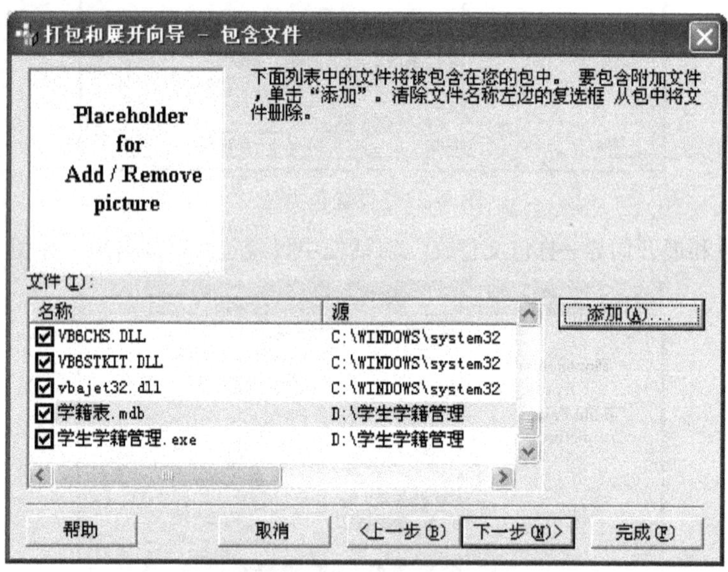

图 8-25　向包添加必要的文件

⑦ 在“打包和展开向导—压缩文件选项”对话框中设置，如图 8-26 所示。

⑧ 在“打包和展开向导—安装程序标题”对话框中输入安装标题，如图 8-27 所示。

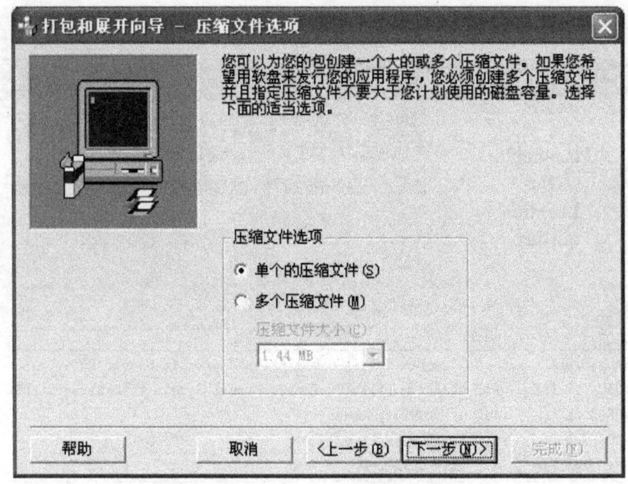

图 8-26 选择压缩方式

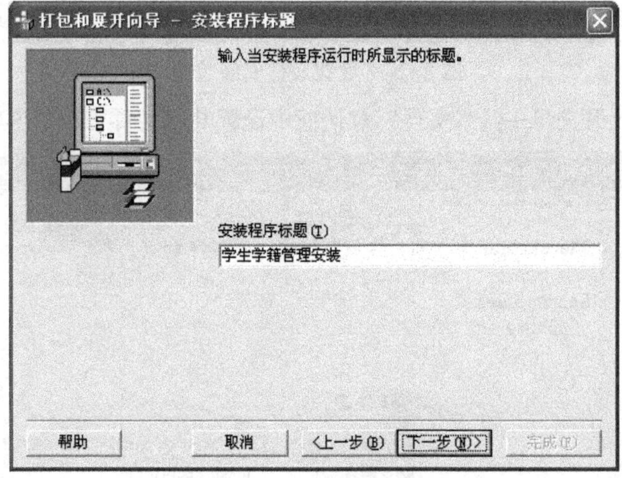

图 8-27 设置安装标题

⑨ 在“打包和展开向导—启动菜单项”对话框中设置启动群组和项目，如图 8-28 所示。

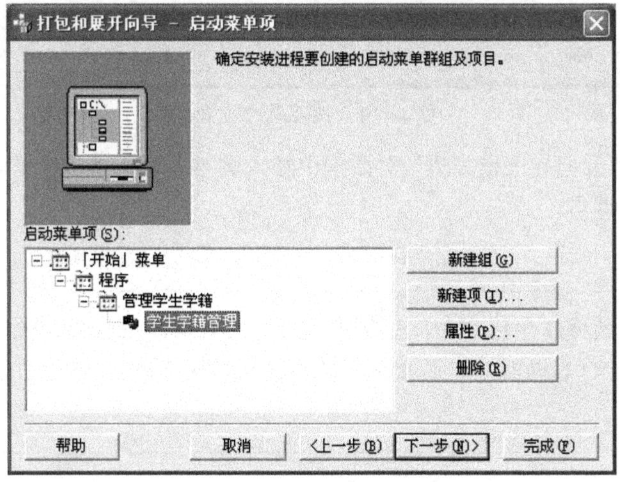

图 8-28 设置启动菜单项

⑩ 在“打包和展开向导—安装位置”对话框中更改每个文件的安装位置，如图 8-29 所示。

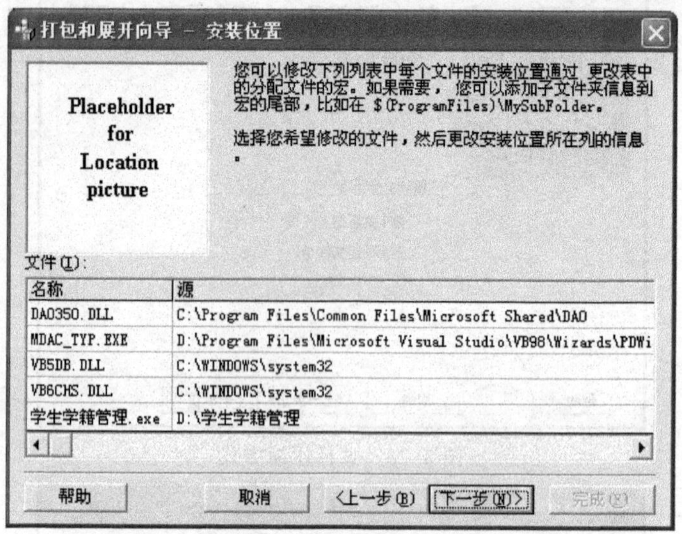

图 8-29　设置文件安装位置

⑪ 在“打包和展开向导—共享文件”对话框中设置共享文件，如图 8-30 所示。

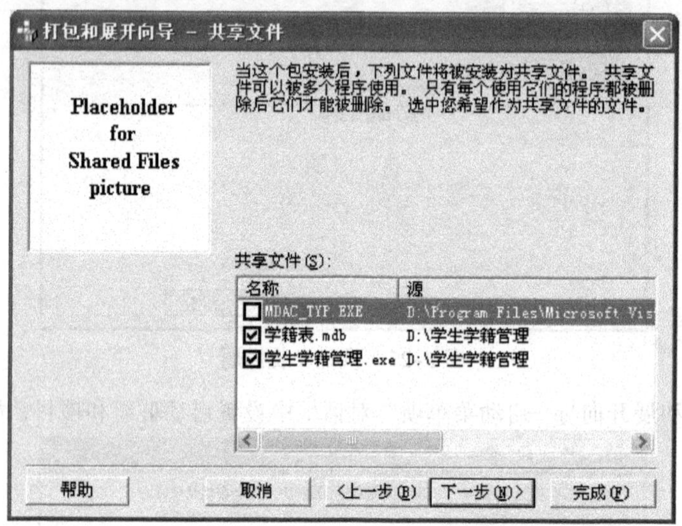

图 8-30　选择共享文件

⑫ 在“打包和展开向导—已完成”对话框中输入脚本名称，单击“完成”按钮，如图 8-31 所示，最后保存报告即可。

提　示

对于使用不同数据库访问方式，打包前必须引入数据库运行的环境，在本例中打包的应用程序需添加 ADO 驱动程序，并在向导的“打包和展开向导— DAO 驱动程序”步骤中添加驱动程序。

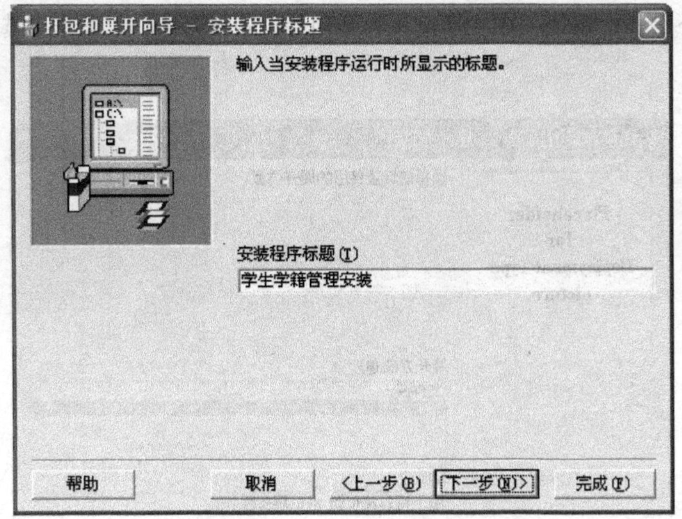

图 8-31 设置安装标题

任务 2 如何发布

任务描述

展开任务 1 中创建的“学生学籍管理包”。

任务要求

掌握应用程序包的展开方法，能在 Web 上发布应用程序。

任务操作要点

（1）打开“打包和展开向导”，单击“展开”按钮，在“打包和展开向导—展开的包”对话框中选择要展开的包“学生学籍管理”，如图 8-32 所示。

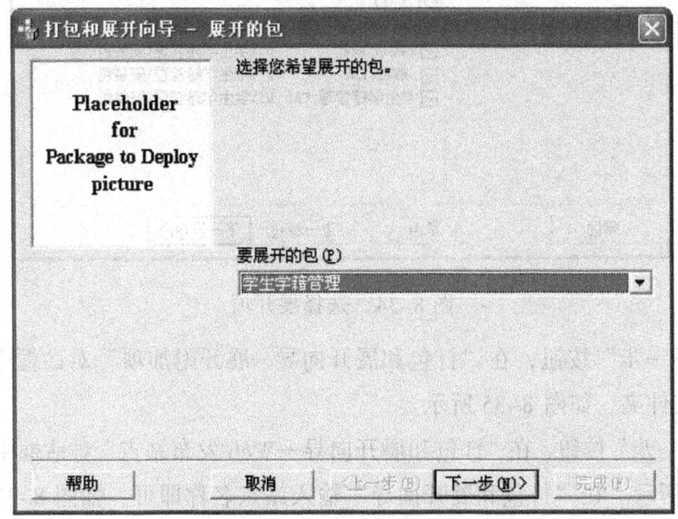

图 8-32 选择展开包

（2）单击“下一步”按钮，在“打包和展开向导—展开方法”对话框中选择要发布的方法。如图 8-33 所示。

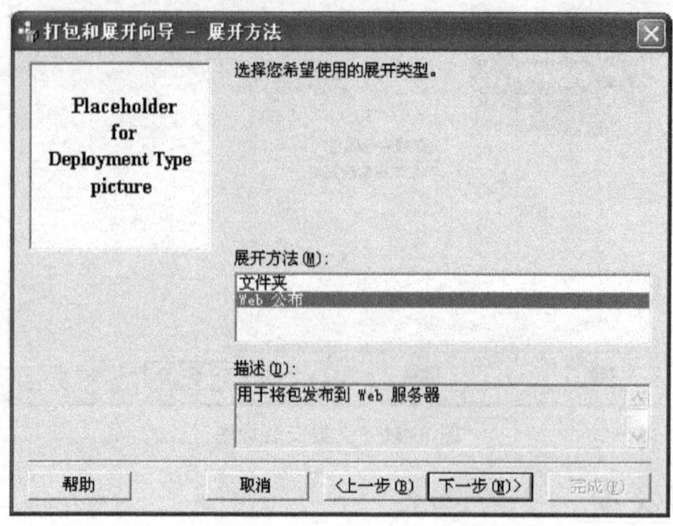

图 8-33　选择展开方法

（3）单击“下一步”按钮，在“打包和展开向导—展开项”对话框中选择要展开的文件。如图 8-34 所示。

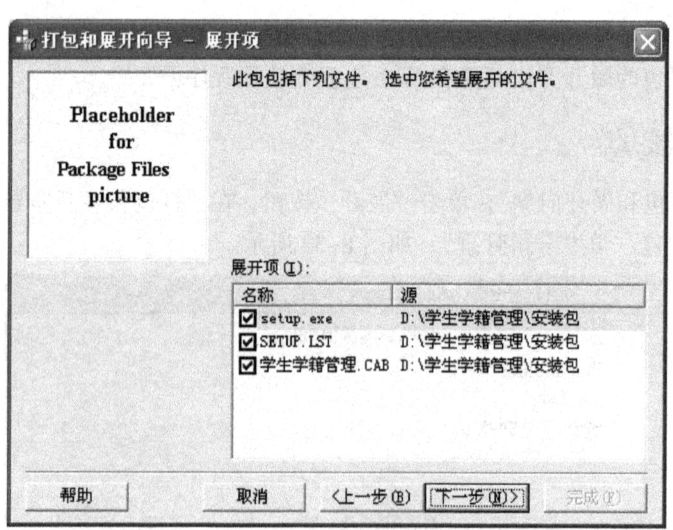

图 8-34　选择展开项

（4）单击“下一步”按钮，在“打包和展开向导—展开附加项”对话框中选择要展开的附加的工程文件和文件夹，如图 8-35 所示。

（5）单击“下一步”按钮，在“打包和展开向导—Web 发布站点”对话框中输入发布的 URL 地址，如图 8-36 所示。在“打包和展开向导”输入站点名称即可，如图 8-37 所示。

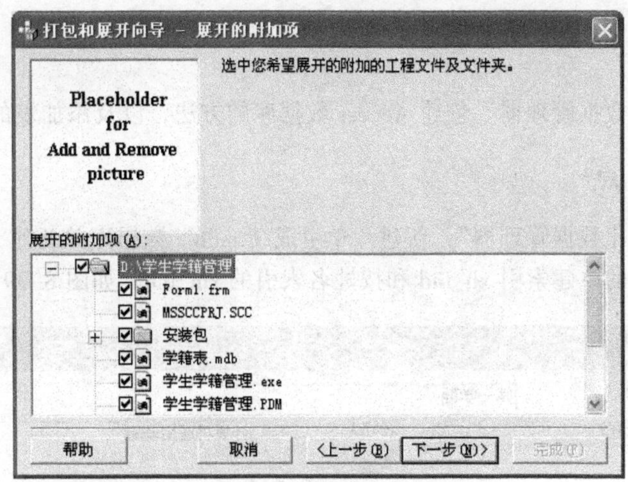

图 8-35　选择展开附加项

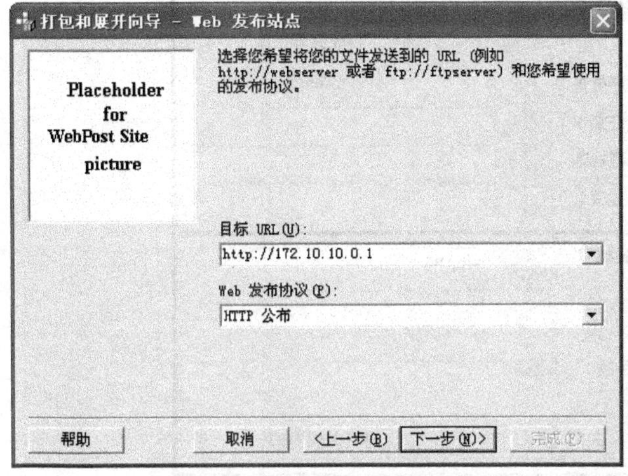

图 8-36　选择方式和发布地址

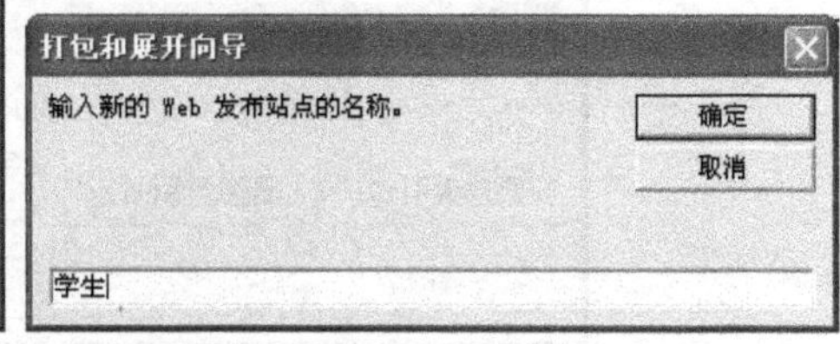

图 8-37　输入发布站点名称

8.5　拓 展 练 习

任务 1　创建第一学期数据表

任务描述

创建一个学生成绩管理数据库（学生成绩.mdb），并在库中添加“第一学期表”，如图 8-38 所示。

学号	姓名	语文	数学	英语	德育	计算机应用基础
090101	马民	98	96	85	96	71
090102	王玉瑞	60	56	72	93	86
090103	孟卫东	85	96	74	98	90
090104	李丽	96	45	85	91	65
090105	胡明	85	98	78	80	63
090106	庚乐	78	96	50	75	56

图 8-38　第一学期数据表

任务要求

巩固用“可视化数据管理器”创建 Access 数据库的方法，以及添加表的设计。

任务操作要点

（1）打开“可视化数据管理器”，新建“学生成绩.mdb”数据库并新建“第一学期表”。
（2）添加按学号的主建索引 xh_ind 和按姓名索引的 xm_ind，如图 8-39 所示。

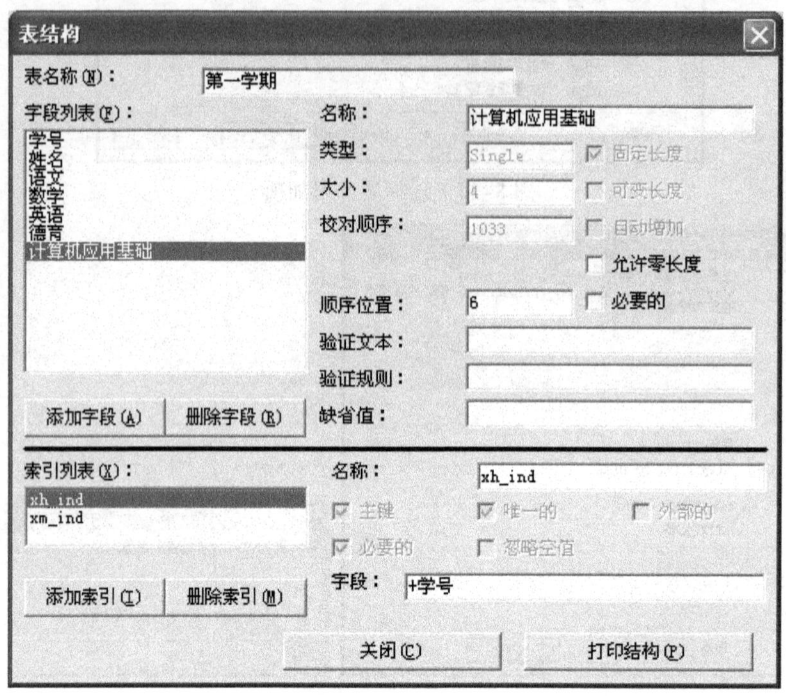

图 8-39 设置索引

提 示

设置表的 xh_ind 索引为主索引，是表的主键，它是唯一的、必要的、不可重复的。设置 xm_ind 索引是唯一索引。

任务 2 学生成绩查询

任务描述

设计一个用多种方法进行成绩查询的应用程序。程序界面如图 8-40 所示。

任务要求

用 Data 控件设计，通过查询按钮执行操作。

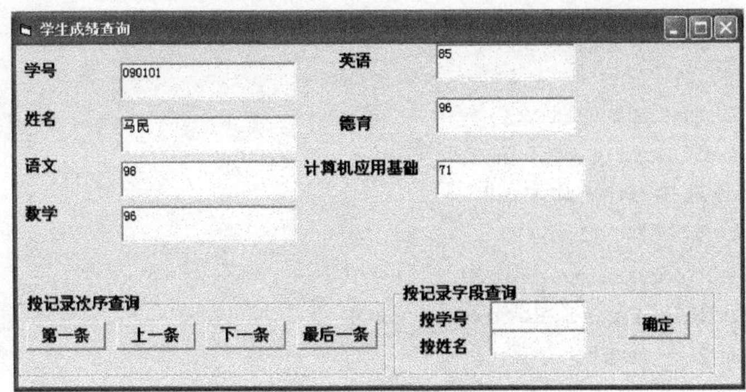

图 8-40　学生成绩查询运行界面

任务操作要点

（1）向窗体添加控件并设置属性，如表 8-4 所示。

表 8-4　学生成绩查询程序控件属性设置

控　件　名　称	属　性　名	属　　性　　值
Label1、Label2…Label8、Label9	Caption	学号、姓名…按学号、按姓名
Text1、Text2…Text6、Text7	DataSource	Data1
	DataField	学号、姓名…德育、计算机应用基础
Text8、Text9	Caption	按学号、按姓名
Data1	RecordSetType	0—Table
	RecordSource	第一学期
	DatabaseName	D:\学生成绩.mdb
	Connect	Access
	Visible	False
Frame1、Frame2	Caption	按记录次序查询、按记录字段查询
Command1…command5	Caption	第一条、上一条、下一条、最后一条、确定

（2）打开代码窗口，编写事件代码如下：

```
Private Sub Command1_Click()
  Data1.Recordset.MoveFirst
End Sub

Private Sub Command2_Click()
  Data1.Recordset.MovePrevious
End Sub

Private Sub Command3_Click()
  Data1.Recordset.MoveNext
End Sub

Private Sub Command4_Click()
  Data1.Recordset.MoveLast
```

```
End Sub

Private Sub Command5_Click()
  If Text8 = "" And Text9 = "" Then
    MsgBox "请选择一种查询方式"
  ElseIf Text8 = "" Then
     Data1.Recordset.MoveFirst
     Do While Not Data1.Recordset.EOF
       If Text2 = Text9 Then
       Exit Do
       End If
       Data1.Recordset.MoveNext
    Loop
  ElseIf Text9 = "" Then
     Data1.Recordset.MoveFirst
     Do While Not Data1.Recordset.EOF
       If Text1 = Text8 Then
       Exit Do
       End If
       Data1.Recordset.MoveNext
     Loop
  End If
  If Data1.Recordset.EOF Then
     MsgBox "无记录"
  End If
End Sub
```

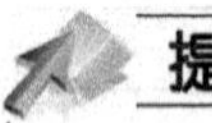

提 示

此程序对学号和姓名同时查询的情况不进行操作，不可设置学号和姓名。

相关知识

Data 控件的 RecordSet 对象的文件标识属性：

- BOF：文件开始标志。
- EOF：文件结束标志。

任务 3 打包并发布查询程序

任务描述

对任务 2 中的成绩查询程序进行打包并发布。

任务要求

运用 Package&Deployment 向导进行打包，打包后在校园局域网上发布。

任务操作要点

（1）生成可执行文件学生成绩.exe 文件。

（2）打开“学生成绩.vbp”文件，在资源管理器中右击工程执行 Package&Deployment 向导，选择“打包”命令。

（3）运用向导打包。

（4）对打包后的文件执行 Package&Deployment 的展开，按照向导展开。

提 示

在执行向导过程中，需要添加学生成绩.exe 和第一学期数据表。

思考与练习

（1）建立一个数据库，在库中包含一个员工某月工资信息表如表 8-5 所示，设计一个窗体用 Data 数据控件和文本框浏览该表。

表 8-5　员工某月工资表

姓　名	性　别	出生年月	部　门	职　称	月　收　入
马晓红	女	1955-2-1	销售部	高级	2987
何玲	女	1963-11-1	企划部	中级	2289
张武斌	男	1978-5-1	宣传部	初级	1988
石文忠	男	1952-1-1	策划部	高级	3560
郑花海	女	1968-9-1	策划部	中级	2365
林发兴	男	1980-6-1	宣传部	初级	1320
谷雨	女	1970-3-1	企划部	初级	2228
吴曼曼	女	1975-8-23	宣传部	中级	2476
刑意	男	1983-2-12	宣传部	初级	1876
郭晓彤	女	1975-2-14	销售部	中级	2009
孙文利	男	1980-3-18	销售部	中级	2159
胡明	男	1976-10-7	销售部	高级	2389

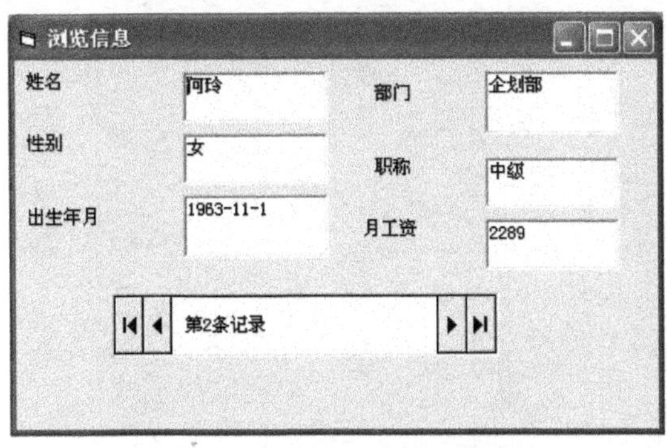

图 8-41　员工工资浏览

（2）设计窗体使用数据控件 ADO 控件和网格控件 DataGrid 控件，对员工某月工资信息表进行浏览，运行界面如图 8-42 所示。

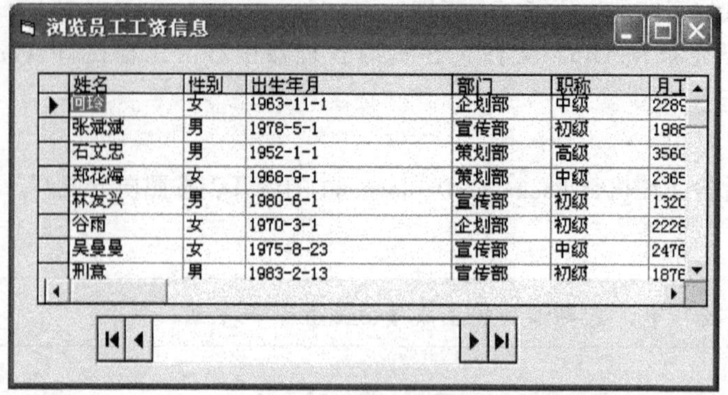

图 8-42　网格浏览信息

（3）在第（1）题的基础上，实现对记录的添加和删除功能。添加时要求文本框是空值时提示输入失败，如图 8-43 所示；删除操作时按照记录号进行删除，提示输入要删除记录的记录号，如图 8-44 所示。

图 8-43　添加失败提示

图 8-44　提示要删除的记录号

（4）在第（2）题的基础上，实现按姓名查询功能，要求输入要查询的姓名，程序运行时，如果找到记录，用文本框显示查询到的记录中各个字段的值，如果没有找到，提示没有此记录。

第 9 章 Visual Basic 文件与多媒体程序设计

9.1 文件应用程序设计

任务 1 认识驱动器列表框控件

任务描述

（1）建立一个能够显示当前用户系统中全部有效磁盘驱动器的列表。

（2）运行界面如图 9-1 所示。

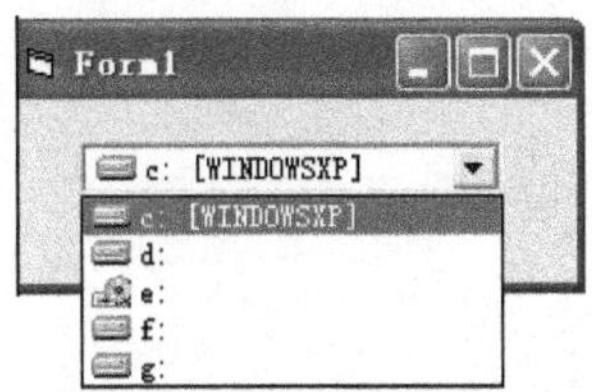

图 9-1 驱动器列表框运行界面

任务要求

理解并掌握驱动器列表框的 Drive 属性。

任务操作要点

（1）在工具箱中选中 Drive1 控件，将其添加到窗体中。

（2）属性设置为无。

（3）打开代码窗口，编写事件代码如下：

```
Private Sub Drive1_Change()
   Dim drive As String
   drive=Drive1.drive
End Sub
```

提 示

Change 事件是驱动器的一个重要事件，在每次重新设置驱动器列表框的 drive 属性时都将触发它的 Change 事件。

相关知识

1. 驱动器列表框

驱动器列表框是一个下拉列表框，通过它可以从任何一个可用驱动器的磁盘列表打开文件，它具有 Name 和 Enable 和 Visible 等属性，此外它有一个特有的 drive 属性，用来设置或返回所选择的驱动器名。

2. 驱动器列表框格式

```
驱动器列表框名称.drive[=驱动器名]
```

3. 说明

① Drive 属性只能通过代码设置；如果所指定的驱动器在当前系统中不存在，则产生错误。

② 驱动器名表示需要指定的驱动器，若缺省则是当前驱动器。

任务 2 认识目录列表框控件

任务描述

（1）建立一个能够罗列当前驱动器的各个子目录并能获取当前目录的值。

（2）程序运行界面如图 9-2 所示。

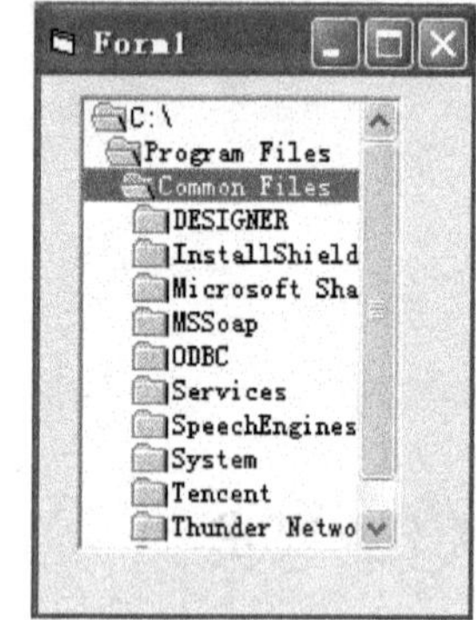

图 9-2 目录列表框的运行界面

任务要求

理解并掌握目录列表框的 Path 属性。

任务操作要点

（1）在工具箱中选中 Dir1 控件，将其添加到窗体中。

（2）属性设置为无。

（3）打开代码窗口，编写事件代码如下：

```
Private Sub Dir1_Change()
   Dim path As String
   path=Dir1.path
End Sub
```

提 示

Path 属性改变时，将触发 change 事件。

相关知识

1. 目录列表框

用于罗列当前驱动器或者目录下的各个子目录。此空间具有和一般标准控件相同的属性。此外它有一个特有的 Path 属性，用来设置或返回当前驱动器的路径。

2. 目录列表框格式

```
[窗体.]目录列表框.path[="路径"]
```

3. 说明

① 格式中路径如果缺省则表示使用当前路径。

② Path 属性只能在代码中设置。驱动器列表框和目录列表框有密切关系。一般情况下，改变驱动器列表框中的驱动器名，目录列表框中随之显示相应目录。

任务 3　认识文件列表框控件

任务描述

通过双击执行文件列表框中的可执行文件。

任务要求

掌握文件列表框中的双击事件以及其 FileName 属性。

任务操作要点

（1）在工具箱中选中 File1 控件，添加到窗体中。

（2）打开代码窗口，编写事件代码如下：

```
Private Sub File1_DblClick()
   n=Shell(File1.Path+"\"+File1.FileName, 2)
End Sub
```

提 示

程序中的 shell 函数用来执行可执行文件。其中包含参数有必需的文件名（包括路径），第二部分为可选的窗口样式，其参数值有 0、1、2、3、4、6。

相关知识

1. 文件列表框

用于显示当前目录下的所有文件。

2. 文件列表框格式

[文件列表框名.]Filename[=文件名]

3. 文件列表框的重要属性

① Path 属性：返回文件列表框的当前路径。

② FileName 属性：表示在文件列表框中选择的文件名称。

任务 4　文件系统控件的协同工作

任务描述

实现一个预览.bmp 和.jpg 格式图片的窗口。在 Drive1 中选择盘符，Dir1 显示出相应的文件夹选项，在组合框中选择此次浏览的.bmp 或.jpg 格式的图片，在双击装有图片的文件夹后，会在 File1 中列出图片文件，双击任意图片都会在图片框中显示图片进行浏览。标签 4 完成图片路径的显示，而文本框 1 完成文件名称的显示。

任务要求

驱动器列表框、目录列表框和文件列表框在很多场合要求把它们组合在一起协同工作，达到最理想的效果。通过此案例，使学生能够掌握 3 个控件组合到一起产生的实际效果。

任务操作要点

（1）界面设计如图 9-3 所示。

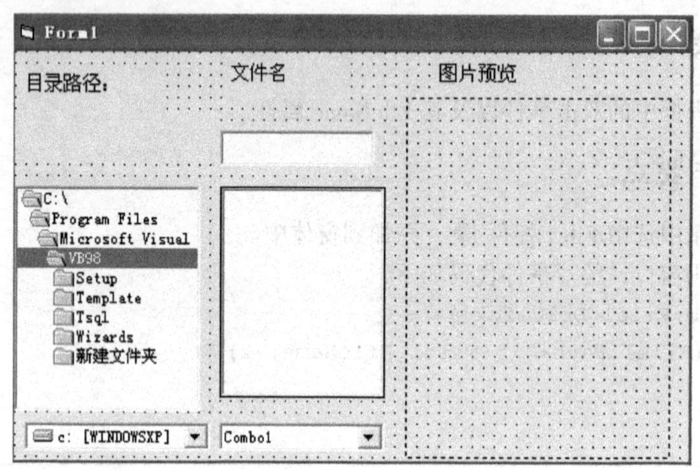

图 9-3 浏览图片的设计界面

（2）属性设置如表 9-1 所示。

表 9-1 属性设置

控件名称	属性	属性值
Label1	Caption	目录路径：
Label2	Caption	文件名
Label3	Caption	图片预览
Label4	Caption	空
Text1	Text	空
File1	Pattern	*.bmp
Image1	Stretch	True

（3）打开代码窗口，编写事件代码如下：

```
Private Sub Combo1_Click()
  File1.Pattern=Combo1.Text
  File1.Path=Dir1.Path
End Sub

Private Sub Dir1_Change()
```

```
    File1.Path=Dir1.Path
    Label4.Caption=Dir1.Path
End Sub

Private Sub Drive1_Change()
    Dir1.Path=Drive1.Drive
End Sub

Private Sub File1_DblClick()
    Text1.Text=File1.FileName
    Image1.Picture=LoadPicture(File1.Path + "\" + Text1.Text)
End Sub

Private Sub Form_Load()
    Label4.Caption=Dir1.Path
    Combo1.AddItem "*.bmp"
    Combo1.AddItem "*.jpg"
    Combo1.Text="*.bmp"
    File1.Pattern="*.bmp"
End Sub
```

（4）程序运行结果如图 9-4 所示。

相关知识

（1）Combo1_Click()：改变组合框的选择时，让文件列表显示出相应的扩展名文件。

（2）Dir1_Change()：当目录列表框发生变化时，文件列表框的当前目录也随之变化且显示出相应目录的文件。

（3）Drive1_Change()：驱动器发生变化，目录列表框也随之变化。

（4）File1_DblClick()：双击某个图片文件则显示该图片。

图 9-4　浏览图片的运行界面

9.2 图形程序设计

任务 1 绘制简单的几何图形

任务描述

（1）用 Line 方法和 Circle 方法在图片框上绘制出三角形、正方形、扇形、同心圆等简单的几何图形。

（2）程序运行效果如图 9-5 所示。

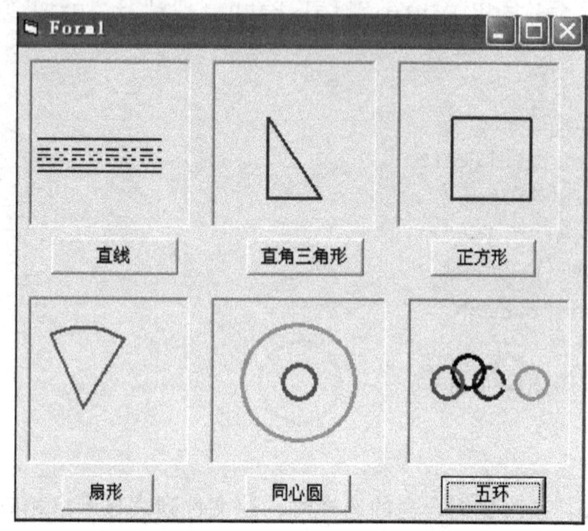

图 9-5 几何图形的运行界面

任务要求

掌握 Line 方法和 Circle 方法，通过绘制简单的几何图形，能够设计出更加复杂的图形。

任务操作要点

（1）在窗体上分别添加 6 个图片框和 6 个按钮。按钮分别命名为“直线”、“直角三角形”、“正方形”、“扇形”、“同心圆”和“五环”。

（2）打开代码窗口，编写事件代码如下：

```
Private Sub Command1_Click()
   Dim i As Integer
   Picture1.Scale(0, 3000)-(3000, 0)
   For i=0 To 6
      Picture1.DrawStyle=i
      Picture1.Line(100, 1000+100*i)-(2500, 1000+100*i)
   Next i
End Sub
```

```
Private Sub Command2_Click()
  Picture2.Scale(0, 3000)-(3000, 0)
  Picture2.DrawWidth=2
  Picture2.Line(1000, 500)-(2000, 500), vbBlue
  Picture2.Line-(1000, 2000), vbBlue
  Picture2.Line-(1000, 500), vbBlue
End Sub

Private Sub Command3_Click()
  Picture3.Scale(0, 3000)-(3000, 0)
  Picture3.DrawWidth=2
  Picture3.Line(1000, 500)-(2500, 500), vbBlue
  Picture3.Line-(2500, 2000), vbBlue
  Picture3.Line-(1000, 2000), vbBlue
  Picture3.Line-(1000, 500), vbBlue
End Sub

Private Sub Command4_Click()
  Picture4.Scale(0, 3000)-(3000, 0)
  Picture4.DrawWidth=2
  Picture4.Circle(1000, 1000), 1500, vbRed, -1, -2
End Sub

Private Sub Command5_Click()
  Picture5.Scale(0, 3000)-(3000, 0)
  Picture5.DrawWidth=3
  Picture5.Circle(1500, 1500), 300, vbRed
  Picture5.Circle(1500, 1500), 700, vbYellow
  Picture5.Circle(1500, 1500), 1000, vbGreen
End Sub

Private Sub Command6_Click()
  Picture6.Scale(0, 3000)-(3000, 0)
  Picture6.DrawWidth=3
  Picture6.Circle(1500, 1500), 300, vbBlue
  Picture6.Circle(1900, 1700), 300, vbYellow
  Picture6.Circle(1100, 1700), 300, vbBlack
  Picture6.Circle(2300, 1500), 300, vbGreen
  Picture6.Circle(700, 1500), 300, vbRed
End Sub
```

提 示

（1）“直线”按钮绘制的是 Line 方法不能够提供的 6 种直线样式。
（2）“直角三角形”按钮先绘制两条直角边，再绘制斜边。
（3）“正方形”按钮绘制的正方形边长为 1500。
（4）“扇形”按钮绘制的扇形是 Circle 方法参数值设定而成。
（5）“同心圆”按钮绘制的三个同心圆共用一个圆心，只是半径的大小产生变化。
（6）“五环”按钮绘制的五个圆半径相等。

相关知识

（1）Line 方法的格式：[控件名.]Line (X1,Y1)-(X2,Y2)[,颜色]

说明：用于画直线或矩形。

① 省略控件名，则默认为当前窗体。
②（X1, Y1）是线段的起点或矩形左上角的坐标。
③（X2, Y2）是线段的终点或矩形右下角的坐标。
④ 如果省略（X1, Y1），则默认从当前坐标点到（X2, Y2）画线。
⑤ 任意两条或是两条以上的线水平方向平行，则保证其 X 轴的坐标一致。
⑥ 任意两条或是两条以上的线垂直方向平行，则保证其 Y 轴的坐标一致。

（2）Circle 方法的格式：[控件名.]Circle(X,Y),R[,颜色][,起始角][,终止角[,长短轴比例]]

说明：用于绘制圆、椭圆、圆弧和扇形。

① 省略控件名，则默认为当前窗体。
②（X,Y）是圆心坐标。
③ R 表示半径。
④ 当画圆弧、扇形或是椭圆时，必须指明起始角和终止角，否则默认为画圆。
⑤ 当起始角、终止角取值范围在 0～2π时为圆弧。
⑥ 当起始角、终止角前加上负号，可以画出扇形。

任务 2 绘制坐标系

任务描述

（1）在窗体上绘制出坐标系。
（2）运行效果如图 9-6 所示。

任务要求

强化 Line 方法的使用，学会使用 Scale 方法。

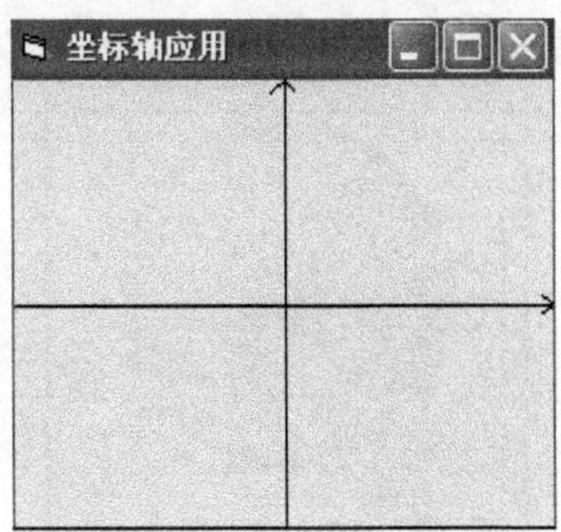

图 9-6　坐标轴的运行界面

任务操作要点

打开代码窗口，编写事件代码如下：

```
Private Sub Form_Click()
  Cls
  Form1.Scale (-10, 10)-(10, -10)
  Line (-10, 0)-(10, 0)
  Line -(9.5, 0.5)
  Line (10, 0)-(9.5, -0.5)
  Line (0, 10)-(0, -10)
  Line (-0.5, 9.5)-(0, 10)
  Line -(0.5, 9.5)
End Sub
```

提　示

Cls 是清除窗体命令。

相关知识

（1）坐标系：坐标系是图形操作的基础。每个容器控件都有一个坐标系。构成一个坐标系需要三个要素：坐标原点、坐标度量单位和坐标轴的长度和方向。

（2）Scale 方法：使用 Scale 方法建立自定义坐标系，Scale 方法是建立自定义坐标系最简便的方法。Scale 方法的格式：`控件名.Scale(X1,Y1)-(X2,Y2)`

说明：（X1,Y1）和（X2,Y2）分别指控件的左上角和右下角的坐标值。通过这两个值可以推算出坐标原点和坐标量度单位。

任务 3　函数图形绘制

任务描述

在图片框上利用 cos 函数和 sin 函数绘制出如图 9-7 所示的艺术图形。

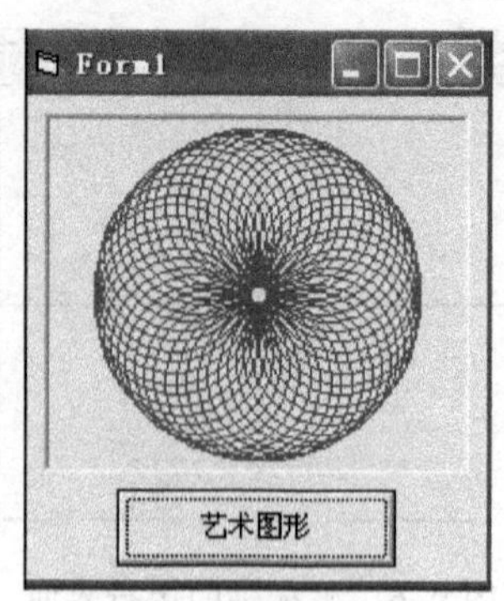

图 9-7　艺术图形的运行界面

任务要求

掌握绘图方法，利用函数设计多彩艺术图形。

任务操作要点

（1）在窗体上添加 1 个图片框和 1 个按钮。

（2）打开代码窗口，编写事件代码如下：

```
Private Sub Command1_Click()
  Dim r, x, y, x0, y0, st As Single
  Picture1.Cls
  r=Picture1.ScaleHeight / 4
  x0=Picture1.ScaleWidth/2
  y0=Picture1.ScaleHeight/2
  st=3.14159/25
  For i=0 To 6.283 Step st
    x=r*Cos(i)+x0
    y=r*Sin(i)+y0
    Picture1.Circle(x,y),r*0.9,RGB(0,120,0)
  Next i
End Sub
```

提　示

每个圆的圆点通过 cos()和 sin()函数获得。在程序中将所有圆的颜色都设置成一致。也可以尝试将不同的圆设置为不同的颜色。

相关知识

（1）sin（参数）指定一个角的正弦值。参数是必选项，类型是一个数值表达式，表示一个以弧度为单位的角，函数返回值在-1 和 1 之间。

（2）cos（参数）指定一个角的余弦值。参数是必选项，类型是一个数值表达式。

9.3　多媒体应用程序设计

任务 1　MediaPlayer 控件

任务描述

（1）使用 MediaPlayer 控件播放多媒体视频文件（.avi）。

（2）运行结果如图 9-8 所示。

图 9-8　MediaPlayer 的运行界面

任务要求

掌握 MediaPlayer 控件的添加和使用。

任务操作要点

（1）在工具箱的灰色部分右击，在弹出的快捷菜单中选择“部件”命令或者选择工程菜单下的“部件”命令，在对话框中选择 Windows Media Player 选项，单击“确定”按钮即可。将 MediaPlayer 控件 添加到窗体上。

（2）设置 Windows Media Player 的属性。在属性窗口中，可以选择“自定义”选项，则显示如图 9-9 所示的对话框。在此对框中可以添加文件名或是 URL。也可以在属性窗口中直接选择或 URL 属性，输入所选择歌曲的路径和歌曲的文件名。

（3）运行工程即可。

提　示

Windows Media Player 的属性中自定义和 URL 是完成同样的导入，二选一即可。

相关知识

Windows Media Player 控件用于播放多媒体的控件，可以播放 MAV，MP3，MIDI，MOV，AVI，MPEG 等多种格式的音频和视频文件，也能播放 VCD，但是不能直接播放 CD。程序运行时，用户可以通过单击相应按钮来控制多媒体的播放，暂停，停止等。

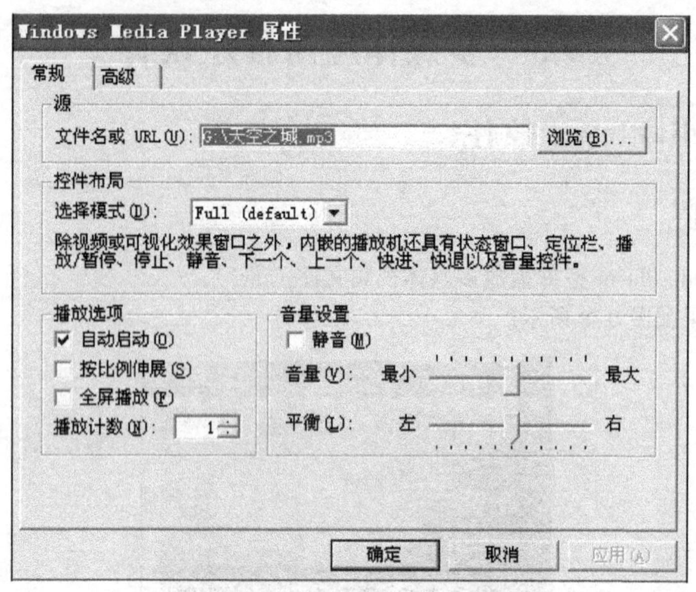

图 9-9　MediaPlayer 属性窗口

任务 2　MMControl 控件

任务描述

用 MMcontrol 控件实现播放有声视频（.avi）文件。

任务要求

学会 MMcontrol 控件的操作过程及使用方法，能够将其运用到应用程序中。

任务操作要点

（1）在工程菜单下的部件命令中选中“MicroSoft MultiMedia Control 6.0”复选框，将其添加到工具箱中。选中将 MMcontrol 控件添加到窗体上。同时在部件命令中选中“Microsoft Common Dialog Control 6.0”复选框，将 CommonDialog 控件添加到窗体。程序设计界面如图 9-10 所示。

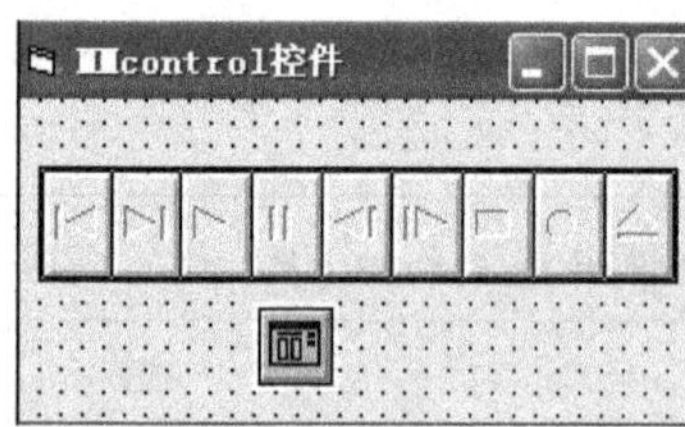

图 9-10　MMcontrol 的设计界面

（2）属性设置为无。

（3）打开代码窗口，编写事件代码如下：

```
Private Sub Form_Load()
```

```
    MMControl1.DeviceType="AVIVideo"
    CommonDialog1.ShowOpen
    MMControl1.FileName=CommonDialog1.FileName
    MMControl1.Command="open"
    MMControl1.Command="play"
End Sub
```

提 示

CommonDialog1 是通用对话框控件，在工程菜单下的“部件”对话框选中“Microsoft Common Dialog Control 6.0”复选框即可添加。

相关知识

MMcontrol 控件用于多媒体文件的播放和录制，可通过该控件播放声音，其主要属性为：

- DeviceType 属性：确定用户要播放的文件的类型。
- FileName 属性：指定要播放的文件的名称。
- Command 属性：指定控件进行的工作。

任务 3　Animation 控件

任务描述

用 Animation 控件实现播放无声视频文件。在窗体上添加四个按钮分别为“打开”、“播放”、“暂停”和“关闭”。

任务要求

掌握 Animation 控件播放视频的方法，学会使用 Animation 控件。

任务操作要点

（1）在工程菜单下部件命令中选择“Microsoft Windows Common Control-25.0”复选框添加 Animation 控件，同时添加上 CommonDialog 控件，然后再窗体上添加四个按钮。设计界面如图 9-11 所示。

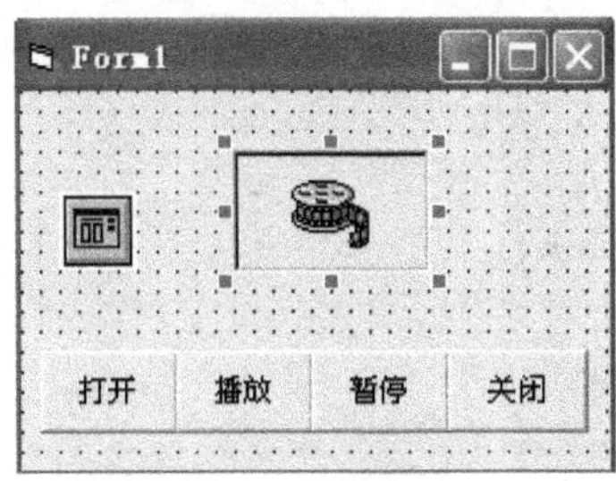

图 9-11　设计界面

（2）控件属性设置，如表 9-2 所示。

表 9-2　属性设置

控件名称	属性	属性值
CommonDialog 1	名称	CDg1
Command1	Caption	打开
Command 2	Caption	播放
Command 3	Caption	暂停
Command 4	Caption	关闭

（3）打开代码窗口，编写事件代码如下：

```
Private Sub Command1_Click()
Dim fn As String
  CDg1.CancelError=True
  CDg1.Filter="*.avi|*.avi|*.*|*.*"
  CDg1.FileName="C:\ProgramFiles\MicrosoftVisualStudio\Common\Graphics\ _
  Vid  eos\FONFCOMP.avi"
  CDg1.ShowOpen
  fn=CDg1.FileName
  Animation1.Open CDg1.FileName
  Command2.Enabled=True
  Command3.Enabled=False
  Command4.Enabled=True
End Sub

Private Sub Command2_Click()
  Animation1.Play
  Command2.Enabled=False
  Command3.Enabled=True
End Sub

Private Sub Command3_Click()
  Animation1.Stop
  Command2.Enabled=True
  Command3.Enabled=False
End Sub

Private Sub Command4_Click()
  Animation1.Close
  Command2.Enabled=False
  Command4.Enabled=False
  Command3.Enabled=False
End Sub
```

（4）运行界面如图 9-12 所示。

图 9-12　运行界面

提 示

（1）在运行时，Animation 控件没有自己的图文框。

（2）在 Visual Basic 的安装路径下 C:\ProgramFiles\MicrosoftVisualStudio\Common\Graphics\Videos\，可以找到很多无声的 AVI 视频文件。

相关知识

（1）Animation 控件可以播放无声的 AVI 视频文件，只能用于简单的动画演示。

（2）Animation 控件应该掌握的方法有：

① Open 方法：可以打开 AVI 文件。

② Play 方法：播放文件内容，包含 3 个参数，repeat、start 和 stop.

③ Stop 方法：可以停止播放。

④ Close 方法：可以关闭文件。

任务 4　编写音频播放器

任务描述

模仿简单的音频播放器，实现播放、暂停、继续和重新播放的功能，可以记录播放时间。

任务要求

3 个按钮分别完成“打开文件”，“暂停”和“播放”的功能。文件路径和名称在文本框中显示，在标签上显示出播放时间。

任务操作要点

（1）界面设计如图 9-13 所示。

（2）属性设置省略。

（3）打开代码窗口，编写事件代码如下：

```
Private Sub Command1_Click()
   Dlg.Filter="所有文件 (*.wav)|*.wav"
```

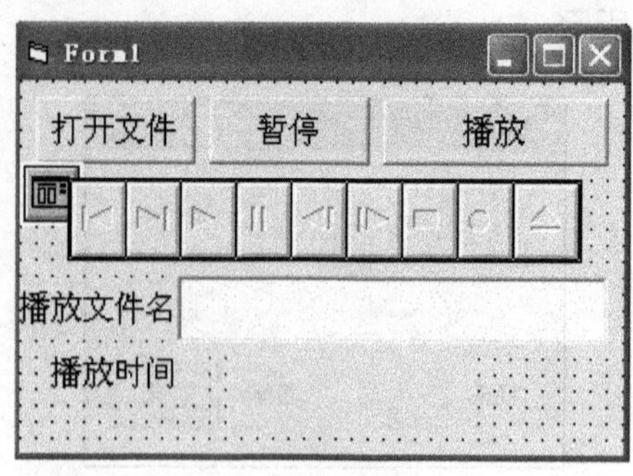

图 9-13　界面设计

```
    Dlg.ShowOpen
    Text1.Text=Dlg.FileName
    MMControl1.FileName = Dlg.FileName
End Sub

Private Sub Command2_Click()
    If Command2.Caption="暂停" Then
        Command2.Caption="继续"
    Else
        Command2.Caption="暂停"
    End If
        MMControl1.Command="pause"
End Sub

Private Sub Command3_Click()
  On Error Resume Next
  MMControl1.Command="stop"
  MMControl1.Command="close"
  MMControl1.FileName=Text1.Text
  MMControl1.Command="open"
  MMControl1.Command="play"
End Sub

Private Sub MMControl1_StatusUpdate()
   Label3.Caption=MMControl1.Position
End Sub
```

（4）运行界面如图 9-14 所示。

提　示

在本任务中，播放文件的路径过长，可以将文本框的 MiltiLine 属性设置为 True 便可换行完整的显示。

图 9-14　运行界面

思考与练习

（1）使用 Line 方法和 Circle 方法，绘制菱形、等边三角形和半圆图形。

（2）在图片框上利用 cos 函数和 sin 函数自行绘制艺术图形。

（3）使用驱动器列表框、目录列表框和文件列表框，分别显示任意 4 张图片的路径及其图像。

第10章 VBA 程序设计入门（选修）

10.1 认识 VBA

任务 了解 VBA 应用环境

任务描述 认识 VBA 编程应用的环境。

任务要求 在 Word 中，能进入 Visual Basic 编辑器，会打开设计界面，会使用工具箱。

任务操作要点

（1）启动 Word 后，选择“工具”→“宏”→“Visual Basic 编辑器”命令。

（2）打开窗体设计窗口，设计界面如图 10-1 所示。

将“工具箱”中的控件拖到相应的窗口中，然后，在“属性”窗口（见图 10-2）修改各个控件的属性。

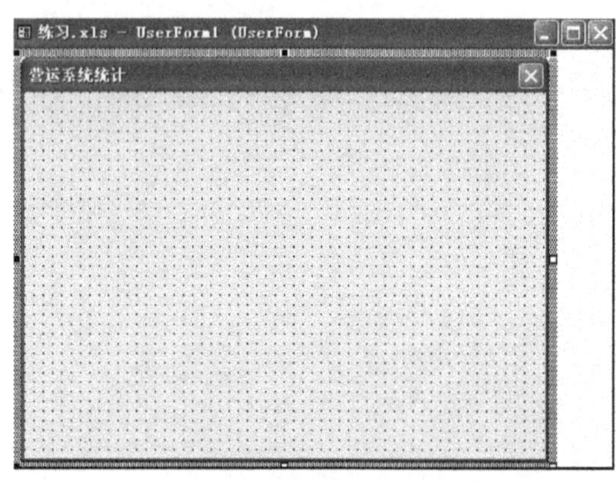

图 10-1 界面设计窗口

属性 - UserF...

UserForm1 UserForm

按字母序 | 按分类序

(名称)	UserForm1
BackColor	&H8000000
BorderColor	&H80000012&
BorderStyle	0 - fmBorderSty
Caption	营运系统统计
Cycle	0 - fmCycleAll
DrawBuffer	32000
Enabled	True
Font	宋体
ForeColor	&H80000012&
Height	252
HelpContextID	0
KeepScrollBarsVi	3 - fmScrollBa
Left	0
MouseIcon	(None)
MousePointer	0 - fmMousePoi
Picture	(None)
PictureAlignment	2 - fmPictureA
PictureSizeMode	0 - fmPictureS
PictureTiling	False
RightToLeft	False
ScrollBars	0 - fmScrollBa

图 10-2 属性窗口

（3）打开代码窗口，编写事件代码如下：

在出现的编辑器中，有“工程资源管理器”窗口，如图 10-3 所示。

在“工程资源管理器”中，单击“查看代码”。打开代码窗口，编写事件和代码，如

图 10-4 所示。

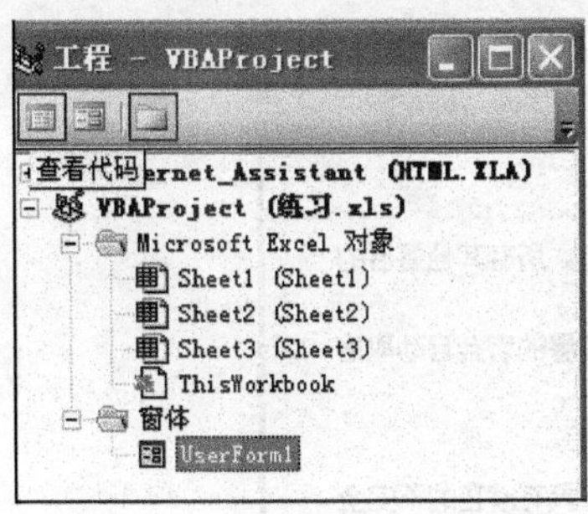

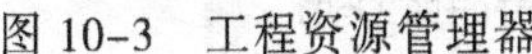

图 10-3　工程资源管理器

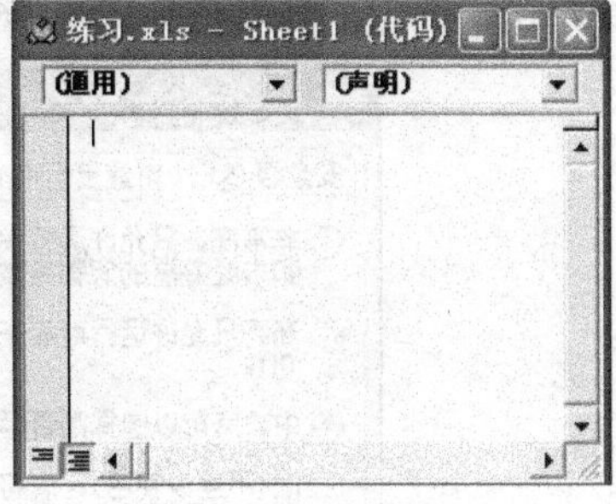

图 10-4　代码窗口

（4）运行并保存应用程序。单击工具栏的按钮。点击工具栏的按钮，保存程序。

10.2　在 Word 2003 中使用 VBA

任务 1　建立、启用宏

任务描述

在 Word 2003 中，认识宏。

任务要求

在 Word 2003 中，能建立、启用宏。

任务操作要点

1. 建立宏

（1）启动 Microsoft Office Word 2003，选择“工具”→“宏”→“安全性”命令，如图 10-5 所示。

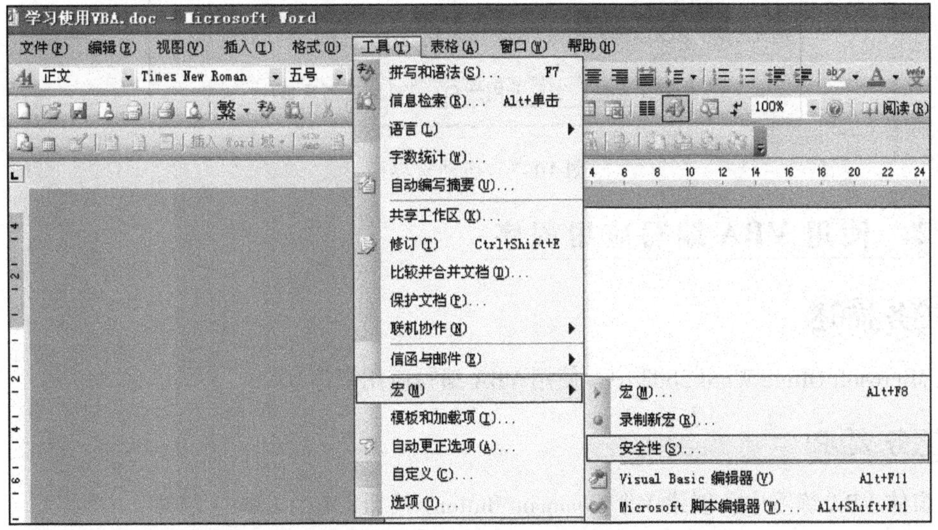

图 10-5　建立宏的界面

（2）在“安全性”的对话框中，选择“中。您可以选择是否退行可能不安全的宏。”单选按钮，最后，单击“确定”即可，如图 10-6 所示。

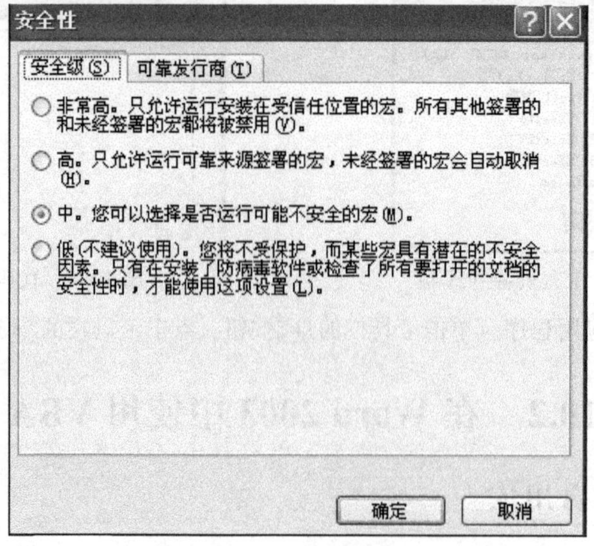

图 10-6　安全性的界面

2. 启用宏

当打开已经建立宏的 Word 文档时，弹出“安全警告”对话框，单击“启用宏”按钮，则该文档中的宏被启动成功，如图 10-7 所示。

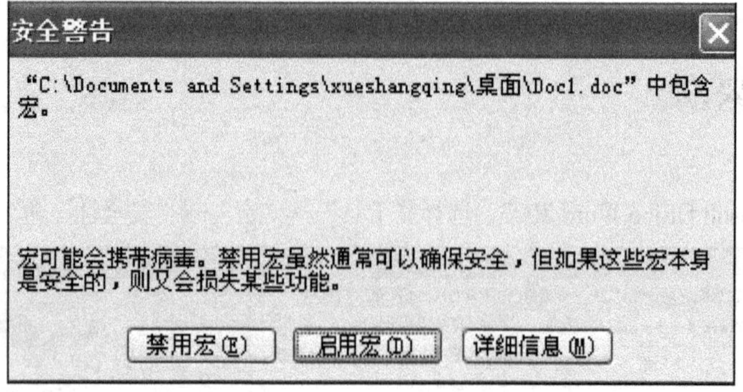

图 10-7　启动宏界面

任务 2　使用 VBA 编写应用程序

任务描述

在 Microsoft Office Word 2003 中，使用 VBA 编写应用程序。

任务要求

在窗体 VBA 练习中，创建 1 个 CommandButton1 按钮，1 个 Label1 控件。

在 CommandButton1 按钮中显示“单击”。Font（字体）属性：楷体_GB2312，四号。

ForeColor（颜色）属性：&H00FF0000&。单击 CommandButton1 按钮，在 Label1 控件中显示“欢迎使用 VBA”。Font（字体）属性：楷体_GB2312。ForeColor（颜色）属性：&H000000FF&。

设置 UserForm1 窗体中的 Caption 属性：“你好”，如图 10-8 所示。

图 10-8　应用程序界面

任务操作要点

（1）启动 Microsoft Office Word 2003，选择“工具”→“宏”，→“宏”→“Visual Basic 编辑器”命令。进入“Project（VBA 程序练习）”应用程序界面，如图 10-9 所示。

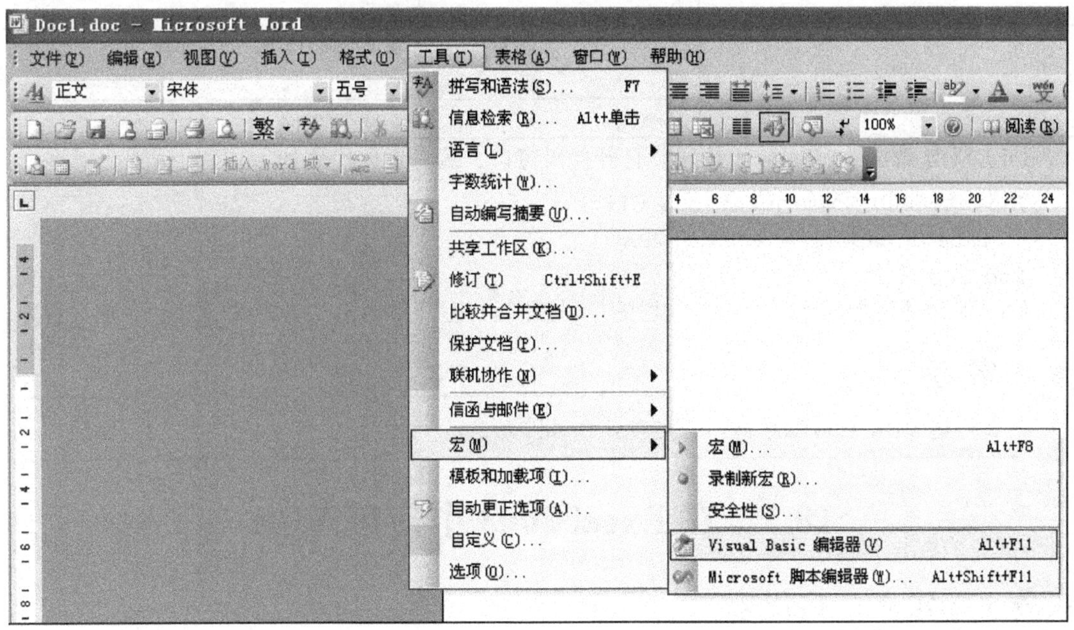

图 10-9　启动宏的界面

（2）在“Project（VBA 程序练习）”界面中，选择“插入”→“用户窗体”命令，如图 10-10 所示。

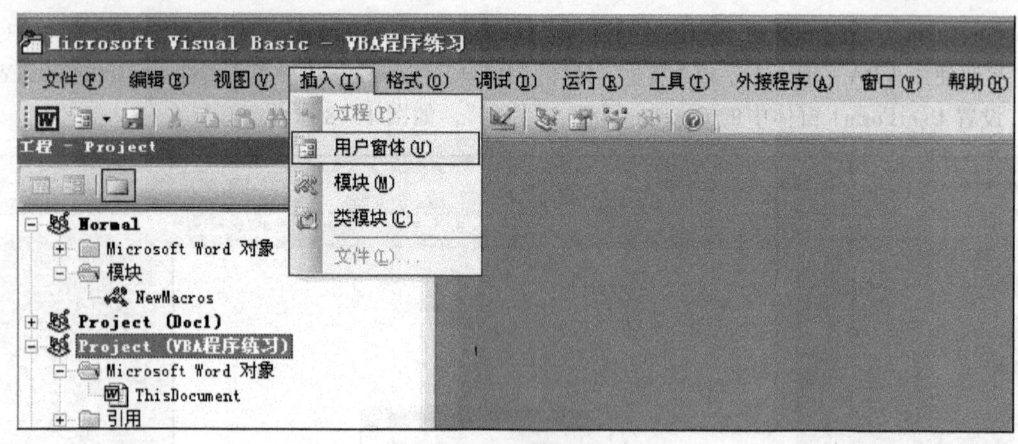

图 10-10　插入用户窗体

（3）在“工程资源管理器”中，展开“窗体”→“UserForm1”选项。在“属性”窗体中，修改 Caption 属性的值为“你好”。

在“工具箱”中，将“标签”和“命令按钮”控件分别拖到窗体中，然后，分别改变两个控件的属性，如表 10-1 所示。

表 10-1　属性设置

控 件 名 称	属　　性	属　　性　　值
CommandButton1	Font	楷体_GB2312 四号
CommandButton1	ForeColor	&H00FF0000&
	Caption	单击
Label1	Font	楷体_GB2312 四号
	ForeColor	&H000000FF&

（4）双击 CommandButton1 按钮，打开代码窗口，编写事件代码如下：

```
Private Sub CommandButton1_Click()
   Label1.Caption="欢迎使用 VBA"
End Sub
```

（5）保存并运行程序。单击工具栏的按钮运行程序。单击工具栏的按钮，保存程序。

提　示

在创建 VBA 应用程序前，一定要建立并启动宏。

10.3　在 Excel 2003 中使用 VBA

任务 1　建立、启用宏

任务描述

在 Excel 2003 中，认识宏。

任务要求

在 Excel 2003 中，学习建立、启用宏的方法。

任务操作要点

1. 建立宏

（1）启动 Microsoft Office Word 2003，选择“工具”→“宏”→“安全性”命令，如图 10-11 所示。

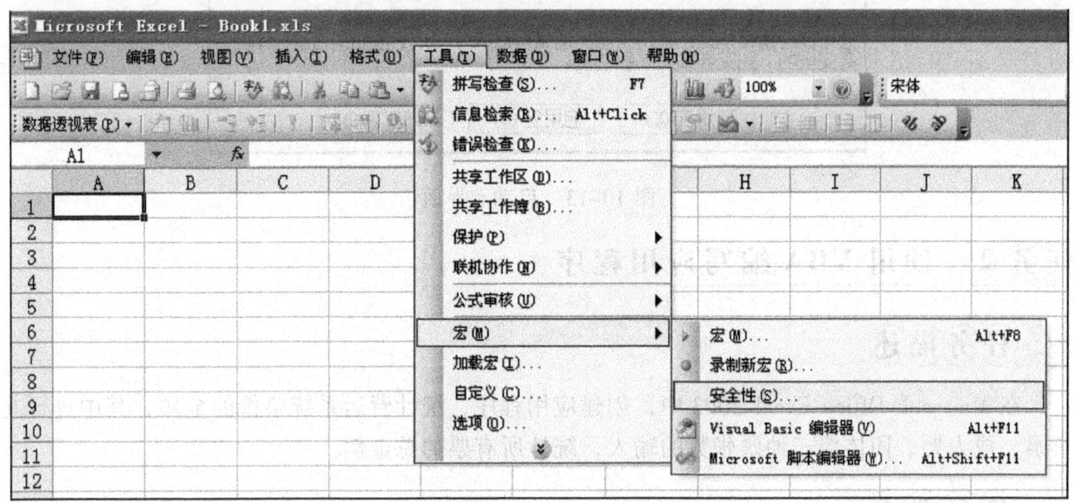

图 10-11　建立宏界面

（2）在“安全性”的对话框中，选择“中。您可以选择是否运行可能不安全的宏。”单选按钮，最后，单击“确定”即可，如图 10-12 所示。

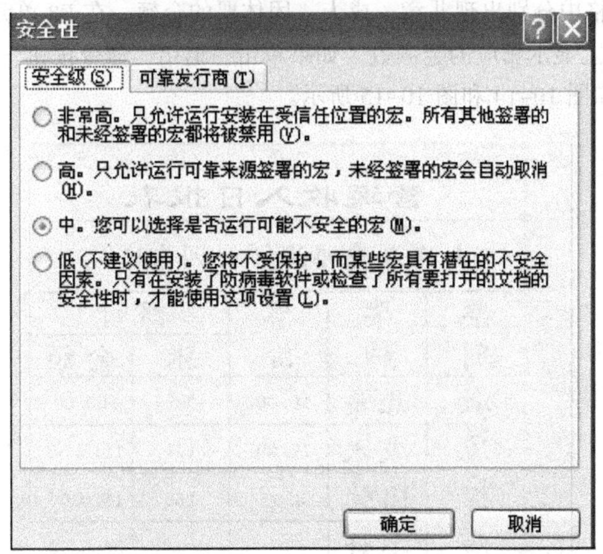

图 10-12　安全性界面

2. 启用宏

当打开已建立了宏的 Excel 文档时，出现“安全警告”对话框，单击“启用宏”按钮即可，如图 10-13 所示。

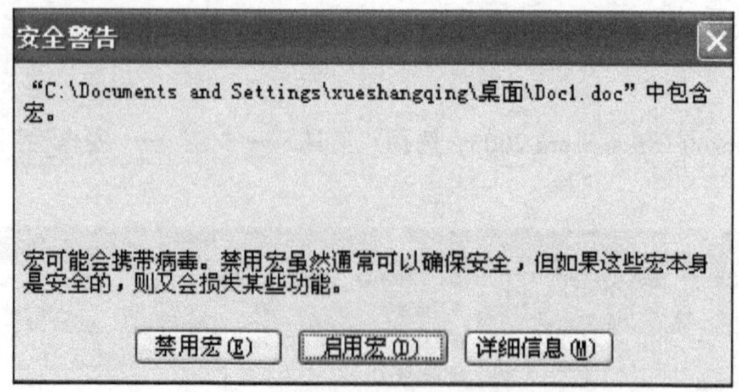

图 10-13　启动宏界面

任务 2　使用 VBA 编写应用程序

任务描述

在 Microsoft Office Excel 2003 中，创建应用程序，统计营运系统票价的金额，其中进行儿童票、成人票、团体票三种票张数的输入，统计所有票的总金额。

任务要求

在文字框中，依次分别输入 3 种票的张数，单击“输入”命令按钮，将输入的内容传到相应的 Excel 表格对应的单元格（D5，D6，D7）中。再单击“计算”命令按钮，则在 Excel 表格的 E5，E6，E7 单元格中分别出现儿童、成人、团体票的金额，在 E8 单元格中出现小计金额。同时在窗体中的标签上显示相应的金额数。如果单击“退出”命令按钮，则保存程序同时保存 Excel 表中的数据，如图 10-14 和图 10-15 所示。

	A	B	C	D	E
1	营运收入日报表				
2	大连老虎滩海洋公园索道站				
3	票别	票种	票价	统计	
4				张	金额
5	激流探险	儿童	10.00	56	560.00
6		成人	15.00	121	1815.00
7		团体	8.00	165	1320.00
8		小计			3695.00

图 10-14　Excel 表格界面

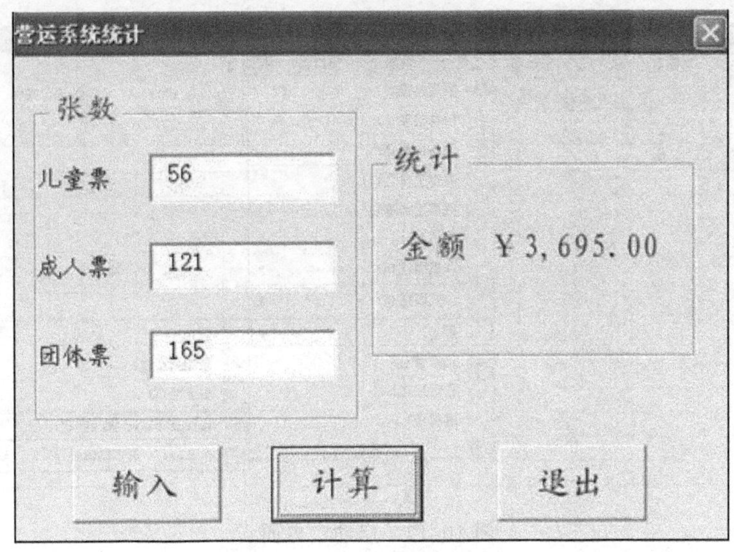

图 10-15 应用程序界面

任务操作要点

（1）启动 Microsoft Office Excel 2003，创建“营运收入日报表”，如图 10-16 所示。

	A	B	C	D	E
1	营运收入日报表				
2	大连老虎滩海洋公园索道站				
3	票	票	票	统计	
4	别	种	价	张	金额
5	激	儿童	10.00		
6	流	成人	15.00		
7	探	团体	8.00		
8	险	小计			

图 10-16 应用程序界面

（2）在 Microsoft Office Excel 2003 中，选择“工具”→“宏”→“宏”→“Visual Basic 编辑器”命令。进入 VBAProject（Book1）应用程序界面，如图 10-17 所示。

（3）在 VBAProject（Book1）界面中，选择“插入”→“用户窗体”命令，如图 10-18 所示。

（4）在“工程资源管理器”中，展开“窗体”→“UserForm1”选项。在“属性”窗体中，修改 Caption 属性的值为“营运系统统计”。

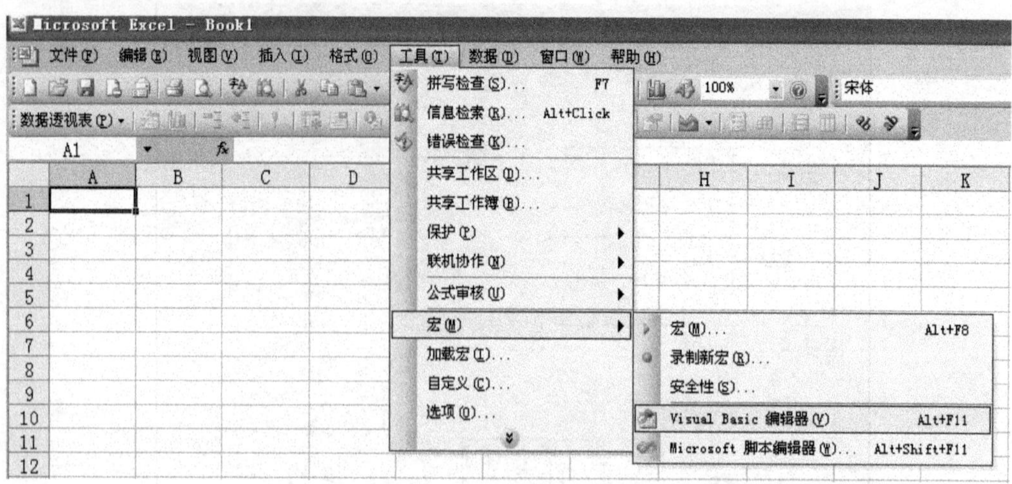

图 10-17　启动宏界面

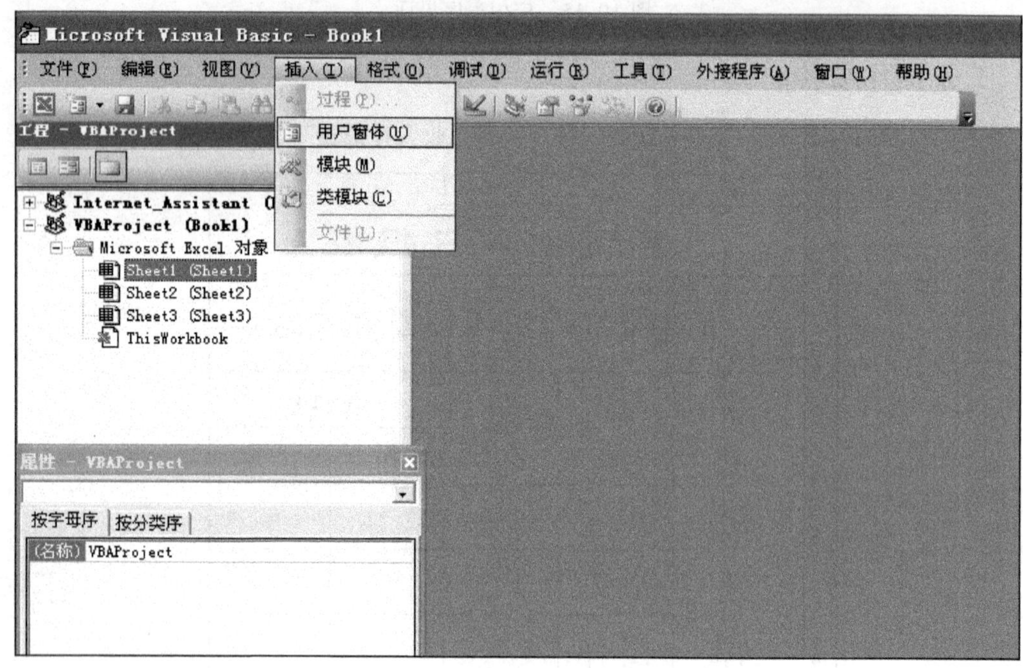

图 10-18　插入用户窗体

在“工具箱”中，将“标签”、“命令按钮”、“框架”、“文字框”控件分别拖到窗体中，然后，分别改变控件的属性，如表 10-2 所示。

表 10-2　属性设置

控件名称	属　性	属　性　值
UserForm1	Font	营运系统统计
CommandButton1	Font	楷体_GB 2312、三号
	Caption	输入

续表

控件名称	属性	属性值
CommandButton2	Font	楷体_GB 2312、三号
	Caption	计算
CommandButton3	Font	楷体_GB 2312、三号
	Caption	退出
Label1	Font	楷体_GB 2312、小四
	ForeColor	&H000000FF&
	Caption	儿童票
Label2	Font	楷体_GB2312、小四
	ForeColor	&H000000FF&
	Caption	成人票
Label3	Font	楷体_GB2312、小四
	ForeColor	&H000000FF&
	Caption	团体票
Label4	Font	楷体_GB2312、三号
	ForeColor	&H000000FF&
	Caption	金额
Label5	Font	楷体_GB 2312、三号
	ForeColor	&H000000FF&
	Caption	
Frame1	Caption	统计
	ForeColor	&H00FF0000&
	Font	楷体_GB 2312、三号
Frame2	Caption	张数
	ForeColor	&H00FF0000&
	Font	楷体_GB 2312、四号
TextBox1	Font	宋体、小四
TextBox2	Font	宋体、小四
TextBox3	Font	宋体、小四

（5）打开代码窗口，编写事件代码如下：

```
Private Sub CommandButton1_Click()
  Worksheets("Sheet1").Activate
  Range("D5").Value = TextBox1
  Range("D6").Value = TextBox2
  Range("D7").Value = TextBox3
End Sub

Private Sub CommandButton2_Click()
  Range("E5").Value = Range("C5").Value * Range("D5").Value
```

```
    Range("E6").Value = Range("C6").Value * Range("D6").Value
    Range("E7").Value = Range("C7").Value * Range("D7").Value
    Range("E8").Value = Range("E5").Value + Range("E6").Value + Range("E7")._
    Value
    Label5.Caption = FormatCurrency(Range("E8").Value)
End Sub

Private Sub CommandButton3_Click()
    Application.Quit
End Sub
```

（6）保存并运行程序。单击工具栏的▶按钮运行程序。单击工具栏的💾按钮，保存程序。

提 示

在 Microsoft Office Excel 2003 中，创建 VBA 应用程序前，一定要建立并启动宏。

相关知识

（1）激活 Excel 工作表 Sheet1 的命令是 Worksheets("Sheet1").Activate。

（2）工作表 Sheet1 中 D5 单元值的表示方法是 Range("D5").Value。

（3）Range("D5").Value = TextBox1 的意思是将文本框 1 中输入的内容传给工作表 Sheet1 中的 D5 单元格。同理，Range("D6").Value = TextBox2 和 Range("D7").Value = TextBox3，分别是将文本框 2、文本框 3 中输入的内容传给工作表 Sheet1 中的 D6、D7 单元格。

（4）FormatCurrency(Range("E8").Value)的意思是将 Sheet1 中的 D8 单元格的内容转化成货币型的数据形式。

思考与练习

（1）在 Microsoft Office Word 2003 中，创建应用程序，单击命令按钮，实现任意两个图片的互换。实现如图 10-19 所示的效果图。

图 10-19　图片交换界面

（2）在 Microsoft Office Excel 2003 中，创建应用程序，统计学生成绩。

提 示

（1）在窗体 VBA 练习中，在文字框中依次分别输入上机成绩和理论成绩，单击“输入”命令按钮，将输入的内容传到相应的 Excel 表格对应的单元格（C3、D3）中。再单击“计算”命令按钮，则在 Excel 表格的 E3 单元格中输出总分。同时在窗体中的文字框上显示相应的总分。如果单击“退出”命令按钮，则保存程序同时保存 Excel 表中的数据，如图 10-20 和图 10-21 所示。

（2）总分=上机成绩*0.7+理论成绩*0.3。

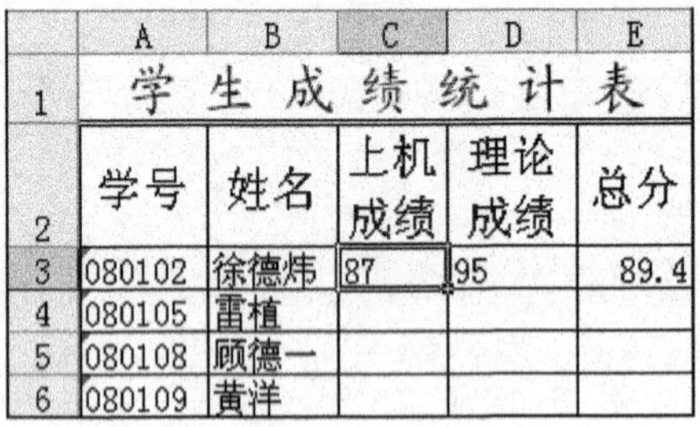

	A	B	C	D	E
1	学生成绩统计表				
2	学号	姓名	上机成绩	理论成绩	总分
3	080102	徐德炜	87	95	89.4
4	080105	雷植			
5	080108	顾德一			
6	080109	黄洋			

图 10-20　学生成绩统计表

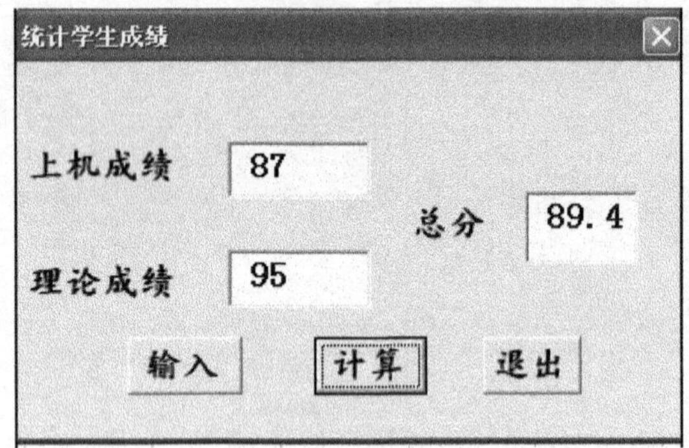

图 10-21　“统计学生成绩”程序